国家科学思想库

未来10年中国学科发展战略

空间科学

国家自然科学基金委员会
中国科学院

科学出版社
北京

图书在版编目(CIP)数据

未来10年中国学科发展战略·空间科学/国家自然科学基金委员会，中国科学院编.—北京：科学出版社，2011
(未来10年中国学科发展战略)
ISBN 978-7-03-032304-0

Ⅰ.①未… Ⅱ.①国…②中… Ⅲ.①空间科学-学科发展-发展战略-中国-2011～2020 Ⅳ.①V1-12

中国版本图书馆CIP数据核字（2011）第183239号

丛书策划：胡升华 侯俊琳
责任编辑：张 凡 李 娄 程 凤/责任校对：陈玉凤
责任印制：徐晓晨/封面设计：黄华斌 陈 敬
编辑部电话：010-64035853
E-mail：houjunlin@mail.sciencep.com

科学出版社出版
北京东黄城根北街16号
邮政编码：100717
http://www.sciencep.com

北京凌奇印刷有限责任公司印刷
科学出版社发行 各地新华书店经销
*
2012年1月第 一 版 开本：B5（720×1000）
2018年2月第三次印刷 印张：12
字数：235 000

定价：62.00元

(如有印装质量问题，我社负责调换)

联合领导小组

组　长　孙家广　李静海　朱道本

成　员　（以姓氏笔画为序）

王红阳　白春礼　李衍达
李德毅　杨　卫　沈文庆
武维华　林其谁　林国强
周孝信　秦大河　郭重庆
曹效业　程国栋　解思深

联合工作组

组　长　韩　宇　刘峰松　孟宪平

成　员　（以姓氏笔画为序）

王　澍　申倚敏　冯　霞
朱蔚彤　吴善超　张家元
陈　钟　林宏侠　郑永和
赵世荣　龚　旭　黄文艳
傅　敏　谢光锋

战略研究组

组　长	魏奉思	院　士	中国科学院空间科学与应用研究中心
副组长	胡文瑞	院　士	中国科学院力学研究所
成　员	王　水	院　士	中国科学技术大学
	方　成	院　士	南京大学
	涂传诒	院　士	北京大学
	欧阳自远	院　士	中国科学院国家天文台/中国科学院地球化学研究所
	刘振兴	院　士	中国科学院空间科学与应用研究中心
	李惕碚	院　士	中国科学院高能物理研究所
	许厚泽	院　士	中国科学院测量与地球物理研究所
	陈俊勇	院　士	国家测绘地理信息局
	张永维	研究员	中国空间技术研究院

秘书组

组　长	王　赤	研究员	中国科学院空间科学与应用研究中心
副组长	于　晟	研究员	国家自然科学基金委员会地球科学部
	袁牧红		中国科学院院士工作局
成　员	颜毅华	研究员	中国科学院国家天文台
	万卫星	研究员	中国科学院地质与地球物理研究所
	窦贤康	教　授	中国科学技术大学
	甘为群	研究员	中国科学院紫金山天文台
	赵建福	研究员	中国科学院力学研究所
	袁运斌	研究员	中国科学院测量与地球物理研究所
	傅绥燕	教　授	北京大学
	陆全明	教　授	中国科学技术大学

冯学尚	研究员	中国科学院空间科学与应用研究中心
刘建忠	研究员	中国科学院国家天文台
钟　敏	研究员	中国科学院测量与地球物理研究所

总序

路甬祥　陈宜瑜

进入21世纪以来，人类面临着日益严峻的能源短缺、气候变化、粮食安全及重大流行性疾病等全球性挑战，知识作为人类不竭的智力资源日益成为世界各国发展的关键要素，科学技术在当前世界性金融危机冲击下的地位和作用更为凸显。正如胡锦涛总书记在纪念中国科学技术协会成立50周年大会上所指出的："科技发展从来没有像今天这样深刻地影响着社会生产生活的方方面面，从来没有像今天这样深刻地影响着人们的思想观念和生活方式，从来没有像今天这样深刻地影响着国家和民族的前途命运。"基础研究是原始创新的源泉，没有基础和前沿领域的原始创新，科技创新就没有根基。因此，近年来世界许多国家纷纷调整发展战略，加强基础研究，推进科技进步与创新，以尽快摆脱危机，并抢占未来发展的制高点。从这个意义上说，研究学科发展战略，关系到我国作为一个发展中大国如何维护好国家的发展权益、赢得发展的主动权，关系到如何更好地持续推动科技进步与创新、实现重点突破与跨越，这是摆在我们面前的十分重要而紧迫的课题。

学科作为知识体系结构分类和分化的重要标志，既在知识创造中发挥着基础性作用，也在知识传承中发挥着主体性作用，发展科学技术必须保持学科的均衡协调可持续发展，加强学科建设是一项提升自主创新能力、建设创新型国家的带有根本性的基础工程。正是基于这样的认识，也基于中国科学院学部和国家自然科学基金委员会在夯实学科基础、促进科技发展方面的共同责任，我们于2009年4月联合启动了2011～2020年中国学科发展战略研究，选择数、理、化、天、地、生等19个学科领域，分别成立了由院士担任组长的战略研究组，在双方成立的联合领导小组指导下开展相关研究工作。同时成立了以中国科学院学部及相关研究支撑机构为主的总报告起草组。

两年多来，包括196位院士在内的600多位专家（含部分海外专家），始终坚持继承与发展并重、机制与方向并重、宏观与微观并重、问题与成绩并重、国际与国内并重等原则，开展了深入全面的战略研究工作。在战略研究中，我们既强调战略的前瞻性，又尊重学科的历史延续性；既提出优先发展方向，又明确保障其得以实现的制度安排；既分析各学科自身的发展态势，又审视各学科在整个学科体系和科技与经济社会发展中的地位作用；既充分肯定各学科已取得的成绩，又不回避发展中面临的困难和问题；既立足国内的现状与条件，又注重基础研究的国际化趋势。经过两年多的战略研究工作，我们不断明晰学科发展趋势，深入认识学科发展规律，进一步明确“十二五”乃至更长一段时期推动我国学科发展的战略方向和政策举措，取得了一系列丰硕的成果。

战略研究总报告梳理了学科发展的历史脉络，探讨了学科发展的一般规律，研究分析了学科发展总体态势，并从历史和现实的角度剖析了战略性新兴产业与学科发展的关系，为可能发生的新科技革命提前做好学科准备，并对我国未来10年乃至更长时期学科发展和基础研究的持续、协调、健康发展提出了有针对性的政策建议。19个学科的专题报告均突出了7个方面的内容：一是明确学科在国家经济社会和科技发展中的战略地位；二是分析学科的发展规律和研究特点；三是总结近年来学科的研究现状和研究动态；四是提出学科发展布局的指导思想、发展目标和发展策略；五是提出未来5～10年学科的优先发展领域以及与其他学科交叉的重点方向；六是提出未来5～10年学科在国际合作方面的优先发展领域；七是从人才队伍建设、条件设施建设、创新环境建设、国际合作平台建设等方面，系统提出学科发展的体制机制保障和政策措施。

为保证此次战略研究的最终成果能够体现我国科学发展的水平，能够为未来10年各学科的发展指明方向，能够经得起实践检验、同行检验和历史检验，中国科学院学部和国家自然科学基金委员会多次征询高层次战略科学家的意见和建议。基金委各科学部专家咨询委员会数次对相关学科战略研究的阶段成果和研究报告进行咨询审议；2009年11月和2010年6月的中国科学院各学部常委会分别组织院士咨询审议了各战略研究组提交的阶段成果和研究报告初稿；其后，中国科学院院士工作局又组织部分院士对研究报告终稿提出审读意见。可以说，这次战略研究集中了我国各学科领域科学家的集体智慧，凝聚了数百位中国科学院院士、中国工程院院士以及海外科学家的战略共识，凝结了参与此项工作的全体同志的心血和汗水。

今年是“十二五”的开局之年，也是《国家中长期科学和技术发展规划纲要（2006—2020年）》实施的第二个五年，更是未来10年我国科技发展的关键时期。我们希望本系列战略研究报告的出版，对广大科技工作者触摸和了解学科前沿、认知和把握学科规律、传承和发展学科文化、促进和激发学科创新有所助益，对促进我国学科的均衡、协调、可持续发展发挥积极的作用。

在本系列战略研究报告即将付梓之际，我们谨向参与研究、咨询、审读和支撑服务的全体同志表示衷心的感谢，同时也感谢科学出版社在编辑出版工作中所付出的辛劳。我们衷心希望有关科学团体和机构继续大力合作，组织广大院士专家持续开展学科发展战略研究，为促进科技事业健康发展、实现科技创新能力整体跨越做出新的更大的贡献。

前言

根据国家自然科学基金委员会和中国科学院制订的合作开展“2011～2020年我国学科发展战略研究”的实施方案，空间科学学科作为开展战略研究工作的19个学科之一，于2009年5月成立了由11人组成的战略研究组和由15人组成的战略研究秘书组，负责组织开展空间科学学科的发展战略研究工作。

针对空间科学学科跨度比较大的特点，战略研究组和秘书组先期分以下5个分领域开展工作：①太阳物理（方成院士负责）；②行星与太阳系科学（欧阳自远院士负责）；③空间物理和空间环境（王水院士负责）；④空间地球科学和大地测量（许厚泽院士负责）；⑤微重力科学（胡文瑞院士负责），形成了各个分领域的发展战略研究报告。后期战略研究组和秘书组统一开展学科战略研究工作。

空间科学学科发展战略研究组和秘书组以《国家中长期科学和技术发展规划纲要（2006—2020年）》为依据，参考了多种国内外相关的空间科学学科发展调研报告和材料，对空间科学学科发展的特点及战略地位、空间科学学科的发展规律与趋势及我国的现状进行了认真的分析和研究，明确了学科发展的战略思路和保障措施，就我国空间科学学科未来10年的发展布局、优先发展领域与重大交叉研究领域、人才培养、国际合作与交流等方面提出了建议。

在起草这份报告的过程中，空间科学学科发展战略研究组和秘书组曾先后四次召开了全体会议，两次在全国范围内征求书面意见，两次咨询了中国科学院地球科学学部的意见，充分吸收了空间科学学科和其他学科专家的建设性意见。我们对所有向本报告提出批评、意见和建议的专家表示衷心的感谢。由于时间较短、学识有限，本报告一定还有不准确、不完善的地方，敬请各位读者不吝赐正。

魏奉思

空间科学学科发展战略研究组组长

2011年4月26日于北京

摘要

1957 年，第一颗人造卫星发射成功，人类进入空间时代，开创了空间科学的新纪元。空间科学是以航天器为主要工作平台，研究发生在日地空间、太阳系乃至整个宇宙空间的物理、化学及生命等自然现象及其规律的科学。主要领域有空间天文学与太阳物理学、空间物理与空间环境学、行星与太阳系探测学、微重力科学、空间生命科学、空间大地测量学与空间地球科学等。

一、空间科学的战略地位

空间科学研究宇宙的过去、现在和未来，进行从宏观的天体到极端条件下原子与分子基本规律的探索，并从根本上揭示客观世界的规律，为空间技术和空间应用提供理论基础，牵引和推动高新技术和产业的发展。随着空间科学与应用研究成果的推广，空间科学已成为社会和经济发展的重要推动力之一，给人类带来巨大的利益。

1. 空间科学是当代自然科学的前沿领域，不断扩展人类的知识领域

爱因斯坦曾指出："未来科学的发展无非是继续向宏观世界和微观世界进军。"空间科学探索宇宙空间及物质运动的规律，在当前自然科学微观和宏观两个重要前沿领域中，它占据着宏观世界的前沿领域，并和微观领域的重要科学问题有密切关系，孕育着科学上的重大突破和发现。

空间为自然科学的发展提供了得天独厚的优越条件：①空间观测使人们摆脱了地球大气的束缚，可以在几乎全波段范围内观测来自天体的辐射，空间分辨率极大提高；②宇宙空间是一个地面无法模拟的特殊实验室。哈勃太空望远镜的观测，使人类发现了大量未知的天体，并使人类的视界延伸到 140 亿光年的距离。通过对宇宙 X 射线和微波的观测，人类确认了宇宙起源的大爆炸理论并发现了组成宇宙的主要成分——暗物质和暗能量，2002 年和 2006 年的诺贝尔物理学奖分别授予了成功探测到中微子、发现宇宙 X 射线源，以及发现宇宙微波背景辐射的黑体形式与各向异性的空间科学领域的科学家。人类的空间探测，

由近至远，由易到难，经历了半个世纪，实现了对太阳系各层次天体的探测。美国国家航空航天局“凤凰”号火星探测器发现火星上存在水，这是重大科学发现，为探索地外生命现象开辟了道路。“旅行者二号”飞船在人类历史上第一次传回太阳系边缘的信息。通过行星与太阳系探测活动所得到的关于行星与太阳系的认识是人类数千年来所获有关知识总和的千万倍。空间科学不断扩展人类的知识领域，并促使新概念不断涌现。

2. 空间科学是牵引和带动航天及相关高技术领域发展的引擎

空间科学研究的进行离不开空间高新技术的支撑，它博采了现代众多科学技术领域里的最新成果，依靠关键技术的集成创新；同时又对现代科学技术的多个领域提出了新的发展要求。每一项空间科学任务都是非重复性、非生产性的，包含大量的新思路、新设计。空间科学计划直接牵引和带动航天技术的全面发展，同时也推动了相关领域高新技术的进一步发展，如电子与信息、新能源、新材料、微机电、遥科学等，从而带动我国科学技术的整体水平迈上一个新台阶。

3. 空间科学是社会和经济发展的重要推动力之一

空间地球科学的发展，极大地提高了人们对地球环境和地球系统变化的整体认识水平，以及对天气、气候、地球环境变化和自然灾害的预报预测能力。在空间物理基础上发展起来的空间天气学强调科学与应用的密切结合，专门研究和预报空间环境特别是空间环境中灾害性过程的变化规律，防止或者减轻空间灾害，为航天活动、通信、导航与定位、国家安全保驾护航，服务于国家的经济建设和社会发展。微重力条件下的材料科学、生命科学和流体物理学等也得到了迅速的发展，已显示出广阔的商业应用前景。地外天体具有丰富的天然资源，可作为地球资源的重要补充和储备，可对人类社会的可持续发展产生深远影响。空间大地测量为人类活动提供越来越重要的地球空间信息。

4. 空间科学探测任务是国家意志的重要体现

空间探索体现了当代人类的基本特征：强烈的好奇心和探索未知世界的迫切性。空间探索的极端艰难性激发了人类的激情与创新。空间科学的发现和空间探测任务是人类认识自然、征服自然的象征。人类历史上最能体现国家意志的无疑是美国的“阿波罗计划”。21 世纪美国的空间探索计划的最根本目的是要通过不断探索新的空间领域来巩固和加强美国在科学技术、经济和军事上的全球霸主地位。我国的载人航天和绕月探测工程同样体现了国家意志。空间科学任务不仅具有重大的科学意义，也具有重大的政治意义。

5. 空间科学在我国总体学科发展布局中占有重要的地位

空间科学研究涵盖了《国家中长期科学和技术发展规划纲要（2006—2020年）》的优先主题“深层次物质结构和大尺度物理规律”的核心内容。载人航天、月球探测、第二代北斗卫星导航系统都是《国家中长期科学和技术发展规划纲要（2006—2020年）》中的重大专项。空间科学、空间技术和空间应用被并列为我国航天发展的三大支柱之一，中国《航天发展“十一五”规划》把“持续开展空间科学研究，扩展人类认知领域”作为重点任务。

二、空间科学的发展规律和特点

空间科学是伴随航天技术发展起来的一门新兴基础性交叉学科。

1. 空间科学的发展与人类空间探测技术的进步密切相关

每次人类于空间探测的重大突破，都给学科发展带来质的飞跃。空间飞行器平台大大扩展了人类的视野，如哈勃太空望远镜发现了迄今为止人类所发现的最遥远的天体。半个世纪以来，人类发射了数百颗航天器专门用于空间科学探测，整个20世纪后半叶充满了激动人心的新发现，人们发现空间并不是“虚无缥缈”的真空，而是充满了等离子体和磁场的。人类有计划地探测了太阳系中的月球和其他行星，如美国“阿波罗计划”的成功实施，使人类对于月球的认知和了解达到了一个前所未有的高度。地球轨道上的长寿命大型空间站，提供了空间微重力与空间生命科学在地面上无法获得的长期的微重力条件，使人们认知了流体及燃烧物理过程的新行为，进行了材料性能改进，以及新材料开发和新生物样品的探索。卫星对地观测技术的每一次重大突破，都会给卫星大地测量学的发展带来重大的飞跃。利用卫星跟踪的重力观测技术确定了更为精确的地球引力场模型及其变化。卫星多普勒和全球定位系统观测技术的广泛应用，在统一坐标框架内测定了遍及全球的地面站的地心坐标。

2. 空间科学是在自然科学基础学科的基础上发展起来的，具有鲜明的多学科交叉的特点

随着空间技术的发展，人类越来越多地进入空间，进行直接的空间探测、实验、研究。空间科学是多学科交叉的前沿科学之一，物理学、化学、天文学、地质学、生命科学、材料科学等多个学科应用空间技术手段进行研究，形成了不同的空间科学研究领域。空间科学的发展极大促进了多学科的交叉和发展，

丰富了人类的知识，发展了人类的宇宙观。

3. 空间科学探测任务具有前沿性、重大性、时代性和公众性

空间科学探测的直接目标是发现新的自然现象和物质运动规律。由于科学发现的唯一性，只有第一，没有第二。①空间科学探测任务具有极强的前沿性。②空间科学探测任务具有重大性。每一个空间科学探测计划都是重大计划，一般都能带来重要的科学发现，增加人类的知识。③空间科学探测任务还具有鲜明的时代性，都与国家重大科技决策密切相关，如20世纪60年代的“阿波罗计划”，目前以小行星和火星为主线的“奥巴马新政”下的“空间探索计划”等。④空间科学探测任务还具有公众性，是引起公众兴趣的重要领域，具有科普教育意义。

4. 国际合作已成为空间科学发展的潮流和趋势

空间探测是人类共同的目标，往往耗资巨大。在科技全球化的今天，国际合作已是空间探测不可或缺的要素。通过国际合作，不仅可以实现研究经费互补、数据共享，降低测控运行费用等，还可以为国家的政治和外交服务。空间现象的全球性和相互关联性强的特点也决定了空间科学的研究越来越需要国际合作。由于需要在广阔的宇宙空间和全球各地进行大量的观测，单靠一个国家的资源和力量是难以达到的。所以，空间科学方面的大规模国际合作计划几乎接连不断。

5. 空间科学探测计划的实施和人才队伍的培养难度大、周期长，需要国家长期、稳定的支持

空间科学的发展离不开以航天器为主要工作平台的空间科学探测任务的支撑，而一项空间科学探测计划耗资大、周期长、集成度高、技术复杂、风险度高。一项空间科学任务从概念提出到方案论证到研制、发射、获取数据再到最后取得科学成果，短则需要七八年的时间，长则需要十几年甚至几十年的时间。空间科学的基础性和交叉性决定了空间科学人才队伍是一支具有多个学科背景和知识的复合型队伍。空间科学要发展，就必须构建先进、综合、完善的技术支撑体系，建设一支知识全面、年龄结构合理、规模较大的研究队伍，这既需要国家在政策上的大力支持，也特别需要国家长期、稳定的经费投入。

三、空间科学的发展趋势

近50年来，空间科学得到了巨大的发展，在揭示宇宙奥秘、发现自然规律

方面取得了举世瞩目的科学成就，并开辟了新的应用领域，对社会和经济发展产生了重要影响。

目前，国际上空间太阳物理研究有两个主要的发展趋势：一是对小尺度的精细结构进行高时间和高空间分辨率的观测和研究；二是对大尺度活动、长周期结构及演化进行观测和研究。当然，对小尺度现象和大尺度活动之间的相互关系进行研究仍然是人们关注的重要方面。20 世纪 90 年代以后，太阳与日球物理的探测进入了一个全面发展时期。太阳探测卫星无论是在探测技术还是在探测范围上都得到了空前的发展，开始了多波段、全时域、高分辨率和高精度探测的时代。

空间物理和空间环境学关注太阳活动对地球空间和人类活动的影响，突出日地系统整体联系过程的研究，天基与地基相结合的观测体系日趋完善。空间天气过程在宏观和微观两个层面上开展研究，研究空间天气事件的大尺度扰动能量的形成、释放、传输、转换和耗散的全过程和基本物理过程。太阳活动—行星际空间扰动—地球空间暴的连锁变化过程及其建模成为空间天气研究的主攻方向，国际上越来越重视空间环境对航天活动和人类生存环境影响的研究。

行星和太阳系探测学以月球和火星探索为重点，进行月球以远的载人深空任务，实现载人探测小行星和火星，人类的空间探索向着更深更遥远的宇宙迈进，拓展了人类活动的疆域，促进了新知识的发现、引领着新技术的发展并获取新的战略资源；同时为研究太阳系的起源和演化、可居住星球的历史和未来，以及寻找地外生命提供线索。

微重力科学经过长期的探索和发展，形成了明确的长期研究目标：一方面利用空间微重力环境在物理、化学和生物科学等自然现象的研究上获得新的认识；另一方面转移空间研究的关键技术，改进地球上的工业和商业活动，促进地基高科技的发展。微重力科学研究的发展同时强调基础研究和应用开发研究，揭示因重力存在而被掩盖的物质规律。空间基础物理通过空间实验进行基本物理理论和物理定律预言的检验，打破当代物理的局限。

空间大地测量学的国际前沿或热点研究主要包括全球卫星导航系统、卫星重力大地测量技术理论方法与应用、合成孔径雷达干涉测量技术的大地测量监测与应用等，特别是中高轨道全球定位系统精密导航定位定轨、低轨人造地球卫星精密定轨、卫星重力场反演及地学应用、空间大地测量在环境监测中的应用、空间大地测量信息处理、大地测量坐标系的精化与维持、多种空间大地测量数据的质量控制与融合等。

四、空间科学的发展战略目标

经过50多年的努力，我国的空间科学事业从无到有，从点到面，逐步建立起了空间物理、空间环境、空间天文、行星与太阳系探测、微重力科学、空间生命科学和空间地球科学各个学科。据不完全统计，“九五”、“十五”、“十一五”期间国家在与空间科学领域相关的基本建设与科研项目的投入已超过20亿元，建立了若干具有一定水平的对外开放的国家级实验室，建立了空间有效载荷应用中心，具有支持进行部分空间科学实验的基本能力，使得我国在空间科学研究方面成为世界上学科较全、实力较强的国家之一。我国的空间科学事业也正在从起步阶段的满足纯技术需求走向科学需求牵引，成为体现国家意志的重要组成部分。但到目前为止，我国利用空间科学进行的研究工作都带有试验性质，与世界先进水平有很大差距，与我国航天大国的地位极不相称。主要的问题和差距有以下五个方面：①我国没有明确的主管空间科学发展的政府部门，缺少空间科学发展的顶层设计和整体布局设计；②我国还没有空间科学系列卫星；③我国的空间科学研究缺乏稳定的支持经费和渠道；④卫星有效载荷研发水平与国际水平有较大差距；⑤专业人才不足。

我国空间科学发展战略总体目标是：有选择地开展针对重大科学问题的前沿探索与研究，在黑洞、暗物质、暗能量和引力波的直接探测，太阳系的起源和演化，太阳活动对地球环境和灾害的影响及其预报，地外生命的探索，微重力科学与空间信息应用等方面取得突破进展；利用10年左右的时间，着重建设独立开展空间探测与研究的能力和基础，初步形成以覆盖多个前沿学科领域的空间科学探测计划为标志的空间科学体系；培养一批有国际影响力的空间科学研究人才；全面提升我国空间科学的研究水平，取得重大原创性科学成果，解决国家战略需求的重大问题，实现我国空间科学的跨越发展。

五、重点发展方向和优先发展领域

1. 重点发展方向

1）空间太阳物理。未来10年，空间太阳物理领域的主要方向可以概括成三个“探索”：对太阳活动微观现象和规律的探索；对太阳活动宏观现象和规律的探索；对太阳活动对日地和人类环境影响的探索。着重开展太阳探测卫星概念性研究、太阳探测卫星载荷关键技术研究、太阳探测卫星计划总体集成研究、利用现有卫星数据开展的与太阳卫星计划相关的基础研究、围绕太阳探测卫星数据分析平台的研究等。

2）空间物理与空间环境。空间物理与空间环境领域在未来10年重点关注日地空间环境，将日地空间天气连锁变化过程的探测和研究作为主攻方向；初步建立天地一体化的空间天气监测系统；在太阳活动影响地球空间和人类社会的关键科学问题上取得突破性进展；着力提升空间环境的业务服务水平，增强我国航天活动和空间应用的安全保障能力。

3）行星与太阳系探测。在环月探测的基础上，实施《国家中长期科学和技术发展规划纲要（2006—2020年）》中的月球探测工程，在2020年前实现“绕月飞行、软着陆探测、取样返回”的目标。在充分研究国外探测经验教训的基础上，论证火星探测的科学目标、实施途径和关键技术，制订火星探测的发展规划，启动概念性研究和可行性论证，适时发射火星探测器。开展金星、小行星与彗星科学探测。

4）微重力科学。积极应对2010年国际空间站建成后的国际态势，利用国家载人航天工程等提供的空间微重力实验平台持续开展微重力流体物理、微重力燃烧、空间材料科学、空间生物技术和基础物理研究。在基础理论上取得重大突破，为载人航天技术的发展提供理论基础，并为促进地面高技术发展和改善地面环境做出重大贡献。

5）空间大地测量。开展以全球卫星导航定位、卫星测高、卫星重力、合成孔径雷达干涉测量技术为主导手段的现代空间大地测量学。利用多种空间技术手段，显著提高现代大地测量的监测能力。重点开展空间大地测量探测新技术、地球内部动力学、全球环境变化、地震大地测量，以及空间大地测量地球参考系与数据融合等研究。

2. 优先发展领域

（1）日地空间环境和空间天气

日地空间是当前人类航天活动、空间开发利用及空间军事活动的主要区域，是与人类活动息息相关的第四生存环境。随着人类对空间开发与利用的规模加大和程度加深，空间日益成为维护国家安全的战略高地，空间产业逐渐成为促进国民经济持续发展的重要支柱，空间天气研究已成为21世纪国际科技活动的热点之一。

科学目标是：以日地系统不同空间层次的空间天气过程研究为基础，形成空间天气连锁过程的整体性理论框架，取得有重大影响的原创性新进展；建立日地系统空间天气事件的因果链模式和发展以物理预报为基础的集成预报方法，为航天活动、通信、导航与定位、国家安全等领域做出贡献；实现与数学、物理学、信息科学、材料科学和生命科学等的多学科交叉，开拓空间天气对人类活动影响的机理研究，为应用和管理部门的决策提供科学依据；发展空间天气探测新概念和新方法，提出空间天气系列卫星的新概念方案，开拓空间天气研究新局面。

日地空间环境和空间天气领域的关键科学问题是日地系统空间天气整体变化及影响，具体包括四大核心科学问题。

1）空间天气科学前沿基本物理过程。空间天气整体变化过程中需要回答的有关能量传输和转化的等离子体基本物理问题如下：磁场重联是如何发生的，不同形式的能量是如何转换和耗散的，高能带电粒子是如何加速和传输的，无碰撞激波产生的机制是什么，电离成分和中性成分是如何相互作用的？

2）日地系统空间天气耦合过程。日地系统空间天气事件中能量的剧烈释放、传播和耦合过程的问题如下：太阳活动的产生机理和爆发特征，太阳爆发扰动在行星际的传播、演化及对地球空间的作用；能量在磁层中的储存与释放过程，暴时磁层空间中场与粒子的响应特征；磁层、电离层与中高层大气的相互作用及其引起的近地空间环境剧烈扰动。

3）空间天气区域建模和集成建模方法。日地系统典型空间天气事件的整体变化过程的集成建模与预报问题如下：从太阳爆发开始，经由行星际传播与演化，以及地球空间非线性响应的连锁变化过程、不同区域耦合、微观与宏观融合过程的定量研究。

4）空间天气对人类活动的影响。主要问题如下：现代无线电通信、卫星定位导航、电力传输、空间材料、航天等高技术系统及工程实施中的空间天气效应及精确表示；地球参考系、重力场、大型/特种精密工程的卫星测定过程中的空间天气影响；对航天、航空生命和人体健康影响的机理。

（2）太阳活动及其对空间天气的影响

太阳是离人类最近的一颗恒星，它带给人类温暖和光明；同时，太阳活动也对人类的生产和生活产生着巨大的作用和不可忽略的重要影响。

2011～2020年，我国在该领域的战略目标思路是：瞄准前沿科学问题，加强优势领域，适度扩大规模，实施国家“十一五”和“十二五”空间太阳物理规划，取得空间太阳物理探测零的突破，走可持续发展的道路，深入理解太阳活动的本质和发生发展规律，详细阐明太阳活动对人类生存环境的作用和影响，并建立相关的定量模型进行准确预测预报，使我国的太阳物理研究跨入世界先进行列。具体包括如下三个关键科学问题。

1）实现大视场、高分辨率、快速、长期连续的太阳磁场与速度场、多波段太阳辐射的综合观测，进一步奠定我国在国际太阳物理地基探测方面的先进地位，并实现空间太阳望远镜观测零的突破。

2）系统理解太阳磁场的起源和演化过程，建立太阳耀斑和日冕物质抛射（CME）等剧烈爆发活动的触发与传播过程的理论模型，研究太阳大气等离子体中的高能粒子的加速机制、传播特征和相关的辐射过程，为物理上预报太阳剧烈活动奠定理论基础，并对其他恒星上的类太阳爆发过程研究提供借鉴和参考。

3）建立太阳活动的长、中、短期预报模式，建立基于太阳活动物理机理和人工智能技术的太阳活动中短期预报系统，使得我国太阳活动预报研究达到国际先进水平。

（3）月球探测及地月系早期演化历史的研究

月球是地球唯一的天然卫星，是距离地球最近的天体，它一直是人类观察研究的对象。自古以来，月球各种自然现象的产生和变化，深深地影响着人类许多哲学观念与科学思想的形成和发展。20世纪50年代出现了航天技术，人类对月球开始了直接探测。进入21世纪以来，世界主要航天国家再次兴起了月球探测高潮。我国制定了分三步走的月球探测发展战略，并于2007年10月24日成功发射了“嫦娥一号”绕月探测卫星。新一轮的月球探测目标：一是进一步深化对月球形成和演化的认识，二是进行月球资源和能源的开发和利用前景的评估。

科学目标是：通过以“嫦娥一号”绕月探测卫星获取的探测数据为基础，综合分析和整理国外已有的月球探测成果，形成对月球起源和演化模型的整体性和规律性认识，进而建立月球起源和演化的概念性模型，获得具有原创性的科学研究成果。

本优先领域的关键科学问题是地月系统的起源和演化，具体包括两大核心科学问题。

1）月球及地月系的起源模式。月球起源假说大致可归纳为四种类型，即同源说、分裂说、俘获说和大碰撞学说。月球是与地球一样，在太阳星云中通过星云物质的凝聚、吸积而独立形成的，还是由地球分裂出来的一部分物质形成的？月球形成时就是地球的卫星，还是在后期的演化中被地球俘获而成为地球卫星的？这两个问题成为月球起源学说争论的焦点。

2）月球及地月系形成最初10亿年的演化历史。月球31亿年以来就处于地质上的“僵死”状态，基本保持了月球形成早期的特征，为研究地月系甚至太阳系的起源和演化提供了便利条件。月球无疑是研究类地行星早期演化历史无可争议的首选目标，有可能为地球和月球，甚至太阳系起源的研究找到突破性的新证据。

（4）火星、金星与小天体探测及行星表面环境与生命生存背景耦合关系的研究

火星和金星是除月球之外最为重要的探测目标。自20世纪60年代首次实现火星探测开始，迄今为止，一共进行了41次火星探测（包括成功的和失败的），

金星探测卫星也已达40颗。

科学目标是：开展我国首次火星、金星及小天体探测工程；开展火星、金星气候变化与大气圈演化研究；开展评估火星及小天体过去和现在的生命存在环境等与地外生命物质及其存在相关科学的研究；探索地外生命存在的前提，以及小行星和彗星撞击地球诱发环境突变和生物灭绝的联系。

本优先领域的关键科学问题是火星、金星上是否存在生命，具体包括如下四个核心科学问题。

1）生命存在的极端环境和条件。

2）火星和金星上是否曾经存在生命，目前是否存在生命。

3）小行星和彗星的联系：含碳小天体母体中有机质的起源、小天体母体中含水矿物的来源、微小天体的起源等。

4）小行星和彗星与地球生命起源的联系、小行星和彗星撞击地球诱发环境突变与生物灭绝的联系。

（5）复杂流体行为的微重力研究

科学目标是：体系繁多的复杂流体往往表现出共同的基本特性，即对外界小作用的大响应和自组织（装）行为。这些特性的根源在于其组成单元作用能低，约为kT量级，比一般固体和液体中原子或分子间作用能弱得多。因此，地面常重力环境中的静压梯度、分层、沉降、对流等重力引起的效应常会掩盖复杂流体自身的行为特征，而只有在微重力条件下才可以避免重力的干扰，更清楚地认识复杂流体的本质性规律，才有可能更好地了解、控制和预言复杂流体在地面上的行为。除研究重力对物质本征行为机理影响之外，更重要的是，在未来深空探测活动中，复杂流体是人们必不可少的使用和操作物质，复杂流体行为的微重力研究可以为此提供科学基础，并积累技术经验。

本优先领域的关键科学问题是复杂流体行为及其本质规律，具体包括如下五个核心科学问题：

1）胶体晶体的形成。关键科学问题包括硬球、带排斥或吸引作用粒子形成有序结构的机制和特征，不同颗粒尺寸的粒子有序化过程中的熵与其他相互作用的关系等。对这些问题的认识对包括原子和分子晶体在内的晶体形核和生长理论的发展具有重要科学价值。

2）泡沫材料的形成。关键科学问题包括泡沫的稳定性与构成泡沫边界体的黏度、内部压力的关系，无排液和无泡沫流动时的聚并与粗化机制等。这些科学问题的解决是理解泡沫体的形成与稳定、泡沫尺寸的控制及新型泡沫材料的研发等问题的基础，具有重要的应用研究价值。

3）颗粒物质体系研究。关键科学问题包括均匀与非均匀体系颗粒分聚的动态相转变物理机制，微（弱）重力环境中颗粒堆积体对外力（如冲击、剪切）

响应（形变与崩塌过程等）特性等。对这些科学问题的认识将为理解颗粒体系的相变机理，为发展颗粒物质在不同条件下输运理论提供依据，也对地面改进矿物冶炼和提取工艺，预防和治理泥石流等自然灾害具有重要应用价值。

4）粒子尺寸的多分散度。其是影响液晶相变的一个重要因素，通过微重力条件下无机液晶体系中基本粒子单元间相互作用及影响因素的研究，掌握粒子自组织液晶相变过程的科学规律和调控机制，为地面重力环境下大范围均匀液晶相的制备提供理论和实验依据。

5）胶体粒子的聚集过程及稳定性的控制研究。该研究关注粒子的聚集动力学、聚集团分形结构特征、聚集与稳定性的影响因素等方面的理论、实验和计算机模拟工作。

（6）空间大地测量的理论、方法、技术及其地学应用

空间大地测量理论、方法与技术在地球科学发展的众多基础科学问题研究中，以及对推动科学发展、提高生活水平、改善生存环境、提升防灾减灾能力等方面，能够发挥独特的、不可取代的重大作用。随着人类社会发展需求的日益增长和丰富多样，特别是我国在快速发展高科技和加强国家安全建设等重大战略任务方面渴望取得重大原创性成就，迫切需要优先支持空间大地测量科学的发展。

科学目标是：以提升现今空间大地测量监测能力、拓展其应用领域研究为基础，形成具有我国特色的空间大地测量理论与方法体系，取得具有国际影响的重大原创性成果，推动和开展我国卫星重力系统模拟与顶层设计，加强基于空间大地测量的高精度地球重力场、深地球内部动力学、地表系统质量分布与运动、地壳运动与地震活动、卫星精密定轨定位等一系列本学科及交叉领域的前沿科学与技术问题的研究。针对国家科技发展需求，加强空间测地技术的创新和集成，解决国防军事测绘、国家大型工程建设及环境灾害监测中的重大理论和关键技术问题，为国家安全、社会可持续发展和地球科学研究做出基础性、战略性、前瞻性的重大贡献。

该领域的关键科学问题是空间大地测量精度、可靠性及分辨率的提升及其地球科学应用效能的拓展，具体包括五大核心科学问题。

1）重力卫星系统的时空分辨率：如何提高新一代重力卫星系统的测量精度及时间和空间分辨率？

2）地球系统质量运移与交换过程：定量刻画大陆地表湖泊、河流、土壤水分和地下水变化，海平面升降，以及冰川增融等地球系统各分量之间质量迁移和交换进程。

3）全球卫星导航系统定轨：如何利用区域布设的跟踪站来实现地球同步轨道（GEO）卫星、中地轨道（MEO）卫星的精密轨道确定及轨道预报？如何实现及利用星间链路技术，实现导航卫星自主定轨？如何实现多系统多频全球卫

星导航系统高精度的定位与定轨？

4）大地坐标系与参考框架及数据融合：我国大地坐标框架的点位归算、维持与更新；地壳板块运动、局部形变和地心运动的表示；空间大地测量信息的严密融合与提取。

5）地震的大地测量监测：如何利用高频全球定位系统获取地震发生时地面的快速运动及震源破裂信息，如何对合成孔径雷达干涉测量信息进行质量控制和解释，如何联合全球定位系统和合成孔径雷达干涉测量技术确定地表形变、三维动态位移场、速度场和应变场，如何探索地震发生的形变前兆及震后效应，如何综合重力、全球定位系统和合成孔径雷达干涉测量等资料，了解地表形变与地球动力学过程之间的关系？

3. 重大交叉学科：空间科学与地球科学的交叉

地球是一个复杂的非线性系统，由日地空间（包括地球空间）、大气圈、水圈（包括冰冻圈）、岩石圈和生物圈（包括人类本身）等组成，各圈层之间存在着复杂的相互作用。当前的地球科学已经发展到了“地球系统科学”的新阶段，其主要特征是：以物理学、化学、生物学等综合方法，研究地球系统中各圈层的内部过程、各圈层之间的相互作用，以及有各圈层构成的地球系统整体行为。

空间科学探测技术为地球系统科学的研究提供了极为重要的手段。首先，空间探测处于空间的高远位置，对地球作为一个整体的行星进行全球性、全局性、长期性的测量和监测，以全面了解发生在地球整体上的过程与变化。其次，利用空间探测覆盖面广的优势，了解地球各圈层如何相互作用，太阳等外驱动力如何作用于地球系统并产生各种过程效应，监测发生于全球的长期变化。此外，空间科学探测技术可以在不同尺度上进行，实现动态变化的监测，便于科学研究地球系统中不同尺度的过程，建立相应的模式。

科学目标是：综合利用空间探测数据研究岩石圈、大气层、空间环境耦合机理，通过高频和甚高频全球定位系统，以及有效的地面观测资料，实现我国及邻区大范围、连续的时、空、强动态监测，全方位获取大震前孕震立体环境（空间环境、震源及区域应力场、地体环境等）异常变化信息，更好地量化断层滑移和地震参数确定，了解地下结构和物理化学性质，加强天地结合的电磁前兆异常特征与地震短临预测、预警方法及模式研究，提高地震预测的科学水平。

关键科学问题：①岩石圈/大气层/电离层耦合机理；②地震活动引起的电磁场、电离层与高能粒子扰动异常信息的提取；③利用全球定位系统、合成孔径雷达干涉测量的数据监测地壳形变时的数据同化原理与方法。

六、保障措施

保障措施包括如下五项：①建立合理的空间科学发展的管理体制；②建立空间科学探测卫星系列体系；③建立若干国家空间探测仪器研发中心；④加强基础平台建设，建立完善的天地一体化观测网络；⑤建立空间科学国家实验室。

Abstract

Overview

The successful launch of the first artificial satellite, Sputnik 1, opened a new world for human beings. The significance of this earth orbiter goes far beyond the orbit itself: we are entering the space era. Space science is a disciple to investigate the fundamental processes and natural laws of physics, chemistry and life in solar-terrestrial space, solar system and the universe, using space infrastructure as the main working platform. Space science consists of various sub-areas including space astronomy and solar physics, space physics and space environment, planetary and solar system exploration, microgravity science, space life science, space geodesy and space earth science.

Space science studies the past, current and future of the universe, deals with both the macro and micro processes in the universe, and produces fundamental breakthroughs and findings. Space science is an important driving force for building an innovative country and have a profound significance for the overall deve-lopment of space technology. With the development of space science, it has entered the application stage, benefiting greatly the economy society.

The development of space science depends strongly on advanced space technology, each time space technology has a breakthrough, it leads to a leap development of space science. Space science has grown from the basic discipline such as physics, mathematics, chemistry, life science, bearing the characteristics of cross-discipline. Space science is a useful tool to conduct popular science education, stimulate people and attract young students to gain scientific knowledge. The success of any space mission can enhance national confidence. Fundamental science questions are of interest for humans all over the world, and international collaborations have become an important factor and trend in the development in space science in order not only to benefit from the experience and skills gained elsewhere but also to share the costs of the anticipated space missions. The sustainable development of space science requires the stable support from the central government, since it always takes a long time and costs a lot to implement any space missions and train working forces.

In this report, we are going to suggest the key research topics and priorities in the development of space science in China from 2011 to 2020. Due to the overlap, this report only deals with space solar physics, space physics and space environment, planetary and solar system exploration, microgravity science, and space geodesy.

Development Trends of Space Science

During last five decades, space science has made great accomplishments in revealing the secrets of the universe, and important impacts on the economy society.

Space solar physics has two main directions, one is to study the small-scale fine structure with high time-resolution and space-resolution observations, the other is to examine the large-scale activities and long-period structures evolution. Of course, the relationship between small-scale and large-scale phenomena is an important research subject. Since 90s, solar and heliophysics exploration develop quickly. Space missions on solar physics enter the stage of multi-wavelength, multi-scales, high resolution and high accuracy.

Space physics and space environment put emphasis on the impacts of solar activities on the geo-space and human activities. It focuses on the Sun-Earth connection, and the space-borne and ground-based monitoring network are working together even tightly. The study is devoted to both micro and macro processes. The main objective is to study the Sun-Earth connection process of solar activities-interplanetary disturbance geospace storms and establish the integrated space weather model so as to understand the space weather process in the solar-terrestrial space. The study on the effects of the space environment on space activities and human living environment is getting more attention.

The emphases of planetary and solar system exploration are the lunar and Mars. At the same time, carrying out deep space detection beyond lunar and realizing manned Mars and asteroid exploration will be able to expand the regions of human activities, and motivate new knowledge and technology discoveries. In addition, deep space exploration can also provide clues for studying the origin of solar system and evolution.

After long-term exploration and development, a clear long-term goal has been formed in the field of microgravity science: to gain new knowledge on the study of natural phenomena in physical, chemical and biological sciences utilizing space microgravity environment, as well as to transfer the key technologies developed in space researches in order to improve the industrial and commercial activities and to promote the high-tech development in terrestrial environment. Both the basic research and the applied research are emphasized in microgravity research. It will be revealed for the material law occulted by the presence of gravity. Test on the predictions of fundamental theories of physics by space fundamental physical experiments will be helpful to explore and exceed the limits of contemporary physics.

The current frontier or hot research subjects of space geodesy mainly involve the theory, technology, method and application of Global Satellite Navigating System (GNSS), satellite altimetry, satellite gravity mission, and synthetic aperture radar interferometry (InSAR). Among them, the main topics include GNSS precision orbit determination, GNSS navigation and positioning, orbit determination of low earth orbit satellite (LEO), processing and inversion of altimetry and gravity satellites data and its applications in earth science, GNSS and InSAR based geodetic deformation monitoring technology and method, refinement and maintenance of geodetic coordinate system, multi-types space geodetic data quality control and fusion.

Overall Strategic Goal of Space Science in China for the Next 10 Years (2011-2020)

After 5 decades' development, China has established various space science branches such as space astronomy and solar physics, space physics and space environment, earth observations, solar system exploration, microgravity science and space life from the scratch, and built up several national laboratories, which have the basic capabilities to support space science missions. However, China lags behind space power countries in terms of its scale and level, especially lack of space science missions with independent intellectual property rights. As a result, Chinese have not made great contributions to space science nowadays.

With the increase of the overall national economic strength and the demand on space activities, China has the capabilities to carry out the innovation space science mission and make breakthrough in science. In the meantime, Chinese scientists are eager to have their own independent space missions to conduct the space science research, and put forward the frontiers of fundamental science and space technology.

To this end, the overall strategic goals of space science in China for the next 10 years are:

1) to carry out frontier research with major scientific problems, make breakthroughs in the study of black hole, dark matter and dark energy, direct detection of gradational waves, the origin and evolution of the solar system, solar activities and their impact on earth, the search for extra-terrestrial life, microgra-vity science and space information and application etc. ;

2) to build the capabilities and facilities for independently carrying out space exploration missions, thereby gradually form a space science system with space science programs covering multiple disciplinary frontiers;

3) to bring up lots of space science talents with international impact.

By 2020, China should make significant original innovative scientific achievements for meeting the national strategic needs, and reach globally advanced levels in the main research areas of space science.

Development Focus of Space Science in China for Next 10 Years

Space Solar Physics

The leading problems of space solar physics research in the next 10 years can be summarized into 3 "investigations": to investigate the micro-phenomena and their physical laws, to investigate the macro-phenomena and their physical laws, and to investigate the roles and impact of the solar activity on the Sun-Earth space and the human environment. The most important is to develop the new technologies of solar exploration satellites, payload system, and the satellite integrated projects, to establish the platform of satellite data analysis, and to carry out the basic scientific research associated with the solar satellite projects.

Space Physics and Space Environment

The focus of space physics and space environment in the next 10 years will be the Sun-Earth connection, emphasizing the cause-effect chain process of the space weather; to establish the integrated space-borne and ground-based monitoring system; to make breakthroughs in the key science problems of the effects of the solar activities on the geospace and human society; to improve the space weather skills in order to better serve the space activities and high-tech systems.

Planetary and Solar System Exploration

Based on the existing lunar detection, China should implement the lunar exploration missions in medium-and-long-term project. The aims of lunar orbiting, soft landing and returning with samples should be realized before 2020. Based on the studying foreign explorations, the science objectives, implementing means and critical technology should be talked about and established. We also should carry out Venus, asteroid and comet exploration.

Microgravity Science

Responding positively to the international situation after the completion of the International Space Station in 2010, space microgravity experiments will be supported continually in the fields of microgravity fluid physics, microgravity combustion science, space materials science, biotechnology and space fundamental physics utilizing microgravity platforms provided by the Chinese manned space engineering and so on. It' s aimed to gain major breakthrough in the basic theory, to provide theoretical bases for the development of manned space flight technology, as well as to make significant contributions on promoting the development of high-tech and the improvement of terrestrial environment.

Space Geodesy

To carry on research of the theories and applications of modern geodesy with Global Satellite Navigating System, satellite altimetry, satellite gravity mission and synthetic aperture radar interferometry as main techniques. Using the corresponding technologies to significantly enhance the monitoring capacity of modern geodesy and expand their application fields. Especially, to focus on the development of new technology for space geodesy, geodetic applications in the earth's interior dynamics, global environmental change and earthquake monitoring, and establishment of terrestrial reference frame and data fusion.

Priority Areas of Space Science in China for Next 10 years

Solar-terrestrial Space Environment and Space Weather

Solar-terrestrial space is the main regime of the space activities and space application, namely the forth human living environment. It is becoming more and more important for making scientific breakthroughs, stimulating the economic growth, and meeting the national needs. Space weather study has become a hot-spot of global science activities in 21 century.

The scientific goals are: to understand the space weather physics processes in the solar-terrestrial coupling system in order to establish the new theoretical framework for the space weather cause and effect chain; to develop solar corona, interplanetary, magnetosphere, ionosphere and middle-upper atmosphere space weather forecast models, to better serve the space activities, communication, navigation and positioning system; to explore the effects of the space weather on human activities and society, and to provide advices for the policy-makers; to develop new concepts and methods for space weather exploration, and propose new space weather missions.

The key science problem is the global change of space weather in the solar-terrestrial space and its effect. Specifically, the main science problems include:

1) The basic space weather physical processes: how and why magnetic connection occurs? the transform and dissipation among energy with different forms; the acceleration and transport of high energy particles; the mechanism of collisionless shock; the interaction between plasma and neutrals.

2) The coupling among solar-terrestrial space: generation and evolution of solar activities, and the propagation and evolution of solar disturbances in the interplanetary space; the effects of interplanetary disturbances on geospace; the storage and release of the energy in the magnetosphere; the response characters of fields and particles during magnetic storms; the coupling among the magnetosphere, ionosphere and middle-upper atmosphere and their effects on near-Earth enviroment.

3) Space weather modeling: the solar coronal-interplanetary coupling model; solar wind-magnetosphere- ionosphere coupling model; magnetosphere- ionosphere-thermosphere coupling model; to implement the end-to-end simulation of the space weather event from the solar corona to interplanetary, and finally to the magnetosphere, and develop the integrated corona-interplanetary-magnetosphere space weather model.

4) The effects of space weather on human activities: space weather effects on communication, navigation, GPS, power grid, space material and space activities; space weather effects on earth's reference frame, gravity field, large/precision engineering in the process of satellite determination. the mechanism of space weather impacts on space activities, flight passengers, and human health

etc.

The Solar Activity and the Impact on Space Weather

The sun is the unique star nearest to the earth. Accompanying with its warmth and brightness, the solar activities will also produce important influence and drastic impact on the human society.

The Chinese national strategic goals of the solar activity research during 2011-2020 are: focus on the most frontal scientific problems, strengthen the dominant domains, broaden the research scope reasonably, implement the national programming of the "eleventh 5-year" and "twelfth 5-year" on space solar physics, break through the blank record on space observation of solar physics alonga sustainable roadway, understand the essential nature and evolutionary laws of the of solar activity, elucidate the roles and influence of the solar activity on the human survival environment in detailed, build up quantitative models to predict the solar activity and space weather well and truly, and promote the Chinese solar physics research up to the international advanced line. The key scientific problems include:

a) Accomplish the synthetic observations of solar magnetic field, velocity field, and multi-frequency solar radio emission with large field view, high resolution, high cadence, and long-duration steady operation, to consolidate further the international advanced position of the ground-based solar observations, and to make a breakthrough on space solar observation.

b) Systematically understand the origin and evolution of the solar magnetic field, build the theoretical models of solar flare, CME and other eruptive processes, explain the acceleration mechanism of the energetic particles in solar plasma and the associated propagation characteristics, make a theoretical foundation for the solar activity forecast, and provide references for the study of other sun-like star.

c) Set up the prediction modes of solar activity with long-term, medium-term, and short-term, build up the medium-and short-term forecast system based on the solar activity physical mechanism and the artificial intelligence technology, and let the Chinese solar activity forecast go into the international advanced level.

Lunar Detection and the Evolution History of Earth-moon System

The moon is the only natural satellite and the most recent celestial body to the earth; therefore it is still the object of human study. Lunar has the impact on many human philosophy ideas and science thoughts. Since the fifties of the last century, human began to detect the moon directly with the space technology. In the 21 century, the lunar detection climax by most space countries. China has produced the developing strategies with three steps and launched the satellite of Chang' E-1 in October 24, 2007. The new aim of lunar exploration is to deepen the study to lunar origin and evolution and to evaluate the prospective of lunar resource.

The science objectives include analyzing the existing lunar detection fruit and forming the integrated and disciplinary understanding to lunar origin and evolution, and further creating the conceptual models besides obtaining the original science fruit.

The key science goal is the origin and evolution of the earth-moon system, which includes two central questions.

1) The first is the origin pattern of lunar and the earth-moon system. There are about four kinds of theories for the lunar origin. These include the fission of the moon from the earth's crust through centrifugal forces which would require too great an initial spin of the earth, the gravitational capture of a pre-formed moon, which would require an unfeasibly extended atmosphere of the earth to dissipate the energy of the passing moon, and the co-formation of the earth and the moon together in the primordial accretion disk. And the most prevailing hypothesis today is that the earth-moon system is formed as a result of a giant impact. However, there are still too many argumentative questions.

2) The second is the evolution history between the one billion years after the origin of lunar. Since 3.1 billion years after its formation, lunar is all the time in the state of dead in the geologic sense, which makes lunar keep the primitive features. The characteristics of lunar fascinates for studying the origin of the system of earth-moon and even the solar system. Lunar is surely the preferred goals for studying terrestrial planet, and it may supply the new proofs for the study of the earth and solar system.

The Study of Mars, Venus and Small Bodies in Terms of Surface Environment and Life Existing Background

Mars and Venus are the goals of human detection beyond lunar for human. Since the sixties of last century, there are 41 times Mars exploration (including the failure) and 40 times Venus exploration.

The Science Goals: Developing the first Mars, Venus and small bodies detection and studying the evolution of their atmosphere circle, evaluating the life environment and related science topics, studying the link between the impact with the extinction of life.

The preferred critical question is whether there is extraterrestrial life in Mars and Venus. The central science questions are listed below:

1) The extremely environment for life existing;

2) If there is life in Mars or there were life in the past;

3) The contact between the asteroid and comet; the origin of organic substance of small bodies; the origin of hydrated mineral in the small bodies; the origin of smaller bodies;

4) The contact between the life and environments of the earth with the asteroid and comets;

Behavior of Complex Fluids under Microgravity Conditions

Although complex fluids include many different types of systems, some basic features of these systems could be very similar. A typical feature of complex fluids is that a very mild chemical action can induce a drastic change in mechanical properties. And the self-assembly behavior for many complex fluids is another important feature. These features are basically caused by the weak interaction potentials between the elements, the values of which roughly have the same order as kT and are much lower than those between atoms and molecules for liquids and solids. Due to the weak interactions, the behavior of complex fluids could be covered up by the gravitational effect in terrestrial experiments, including hydrostatic pressure, sedimentation and convection, etc. In order to understand the features and behaviors of complex fluids more intrinsically, it is necessary to study the complex fluids in microgravity condition. More importantly, the future deep space exploration will certainly use many kinds of complex fluids. Therefore, the microgravity studies on the behavior of complex fluids will also be helpful for the use and controlling of the complex fluids in space.

In this field, the key problems are the behavior of complex fluids and the related intrinsic mechanisms. Concretely, the scientific problems include:

1) The mechanism and the characters of the ordered structure formed by hard spheres or particles having repulsive or long-range attractive interactions is one of the key problems for the colloidal crystallization. The influence of the inter-particle interactions and the entropy on the disorder-order transitions of different types and sizes of particles are also important topics. The understanding

of these problems is valuable in the study of the nucleation and growth of crystals and the development of relative theories, not only for the systems of colloidal crystals but also for the crystals of atoms and molecules.

2) For foam, the key scientific problems include the relationship of the stability of foam with the viscosity of foams and the inner pressure, the coalescence and coarsening of foam when there is no drainage and foam flow, etc. The solution of these problems has both scientific and application values for understanding the formation and stability of foam, the control of the size of foam, and the development of new foam materials.

3) The key problems for granular materials include: the mechanisms of phase transitions and segregation for uniform and non-uniform granular systems, the response of granular material to outer forces in microgravity, etc. The solution of these problems will be useful for understanding the principles for phase transitions of granular materials. It will also be helpful for applications including the transportation of granular materials under different conditions, the improvement of the smelting and processing of mines, and the prevention of some natural disasters such as debris flow.

4) One of the important factors that influence the phase transition of liquid crystal is the polydispersity of particles. The particles with different parameters may sediment with different velocity, especially for inorganic liquid crystals that the density of particles is quite large. Therefore, the phase transition can be greatly influenced by gravity. In microgravity, it is convenient to study the influence of particle interactions and the other factors on phase transitions of inorganic liquid crystals. This will help understanding the scientific principles and regulation mechanisms for self-assembly of liquid crystals, which will provide theoretical and experimental basis for preparation of large sized, homogeneous liquid crystals in terrestrial experiments.

5) The aggregation of colloidal particles and the stability of colloids are an important area both in complex fluids and in colloidal science. The microgravity study will concentrate on the aggregation kinetics, fractal structures of aggregates, and the influence factors of aggregation and stability.

Theory, Method, Technology and Geo-science Applications of Space Geodesy

Theories, methods, technologies and geoscience applications of space geodesy are playing a key and irreplaceable role in promoting scientific development, improving living standards and environment, and enhancing the capacity of disaster prevention and mitigation. With the human society development, it is necessary to give priority to develop our own space geodesy sciences and technologies in China, especially for the demand of high-technology and national security, etc.

Scientific objectives involve: to enhance the capacity of monitoring and applications of space geodesy, to form the theory and method of space geodesy in China and abtain the important and original achievements. For this purpose, it is needed to develop the study of the inter-disciplinary scientific key issues, such as space-based high-accuracy gravity field, geodynamics of interior of deep earth, mass distribution and transportation of the earth's system, crustal movement and earthquake activities, precise orbit determination, etc.. Considering the needs for the national science and technology development, we should enhance the innovation and integration of space geodetic techniques, solve major theory and key technology problems in defense and national economic construction projects and environmental disaster monitoring, in order to make significant contributions to national security, social sustainable development and earth sciences research.

The key scientific issues in current space geodesy is how to further improve the accuracy, reliability and resolution of the space geodetic results and enhance their application performance in geosciences. It includes the following five core scientific problems:

1) Spatial and temporal resolution of satellite gravimetry and altimetry: How to improve the measurement accuracy and spatial-temporal resolution of the next generation of satellite altimetry and gravimetry systems? How to enhance their application and capacity?

2) Mass distribution and transition of the earth system: How to quantitatively describe mass transportation and exchange process among the different constitutions of earth system, such as land water, lake, river, soil moisture and groundwater, sea level change, and ice mass balance?

3) GNSS precise Orbit Determination and positioning: How to use regional tracking stations to achieve the GEO, MEO and IGSO satellite precision orbit determination and orbit prediction? How to implement the satellite autonomous orbit determination using the inter-satellite link technology? How to implement multi-system and multi-frequency GNSS precise orbit determination and positioning?

4) Geodetic coordinate system, reference framework and data fusion: How to carry out the reduction, maintainance and updating of geodetic coordinate frame? How to consider the effects of crustal plate motion and local deformation as well as the earth center movement? How to achieve tight fusion and precise extraction of space geodetic information.

5) Geodetic monitoring of earthquakes: How to pick out the signal of rapid surface movement and the information of rupture process by using high rate GPS receivers? How to control the data quality and the implications of InSAR records? How to determine the crustal deformation, three dimensional dynamic displacement field, velocity field, and the strain field with joint observations of GPS and InSAR? How to detect the pre-, co-and post-seismic deformation with geodetic observations? How to combine gravity, GPS and InSAR data to analyze the interactions between crustal deformation and geodynamic process?

Major Cross-discipline Study: Space Science and Geo-Science

Earth is a complex nonlinear system, consisting of solar-terrestrial space (including geospace), the atmosphere, the hydrosphere (including the cryosphere), the lithosphere and the biosphere (including human beings) etc. There are complex interactions among various spheres. Earth science has developed to the "Earth System Science", the new stage. It is vital to study the internal processes, the interaction between the various spheres, and the overall behavior of the earth system. The space science exploration proves a very important tool for the earth system research. First, the space provides a critical position to make global, comprehensive, long-term measurement and monitoring of earth. Second, it could provide the boundary conditions.

The main scientific objectives are: Combining multiple types of space geodetic data to study the interaction and coupling mechanisms between the lithosphere, the atmosphere and outer space enviroment; Detecting large spatial scale, continuous and dynamic ground movement of regional and continental areas, obtaining the changes of seismogenic environments (including space environment, regional and source stress field, underground structures, etc.) before big earthquakes through high rate and very high rate GPS data as well as ground observations; Based on these results, better constraining the slip movement of fault and earthquake parameters, deepening our understanding on the structure and physical or chemical properties of the earth, paying more attention to the studies on forewarning electromagnetic anomalies through combining space-and ground-based observations, so as to improve the ability of earthquake prediction.

Key science problems need to be addressed include:

1) Lithosphere/atmosphere/ionosphere coupling mechanism;

2) The anomaly information extraction of EM fields, ionosphere and high energy particles caused by Earthquake activities;

3) Principal and method of data assimilation by using the GPS and InSAR technology to monitoring the crustal deformation.

目录

总序（路甬祥　陈宜瑜） / i

前言 / v

摘要 / vii

Abstract / xxi

第一章　战略地位 /001

第一节　空间科学是当代自然科学的前沿领域，不断扩展人类的知识领域 /001

第二节　空间科学是牵引及带动航天和相关高技术领域发展的引擎 /003

第三节　空间科学是社会和经济发展的重要推动力 /004

第四节　空间科学探测任务是国家意志的重要体现 /005

第五节　空间科学在我国总体学科发展布局中占有重要的地位 /006

参考文献 /008

第二章　空间科学的发展规律与发展态势 /009

第一节　空间科学的概念和内涵 /009

第二节　空间科学学科的发展规律和特点 /010

第三节　国际上空间科学发展状况与趋势 /014

一、空间太阳物理 /014

二、空间物理与空间环境学 /016

三、行星与太阳系探测 /020

四、微重力科学 /027

五、空间大地测量 /030

参考文献 /033

第三章　我国空间科学学科的发展现状 /034

第一节　我国空间科学发展概况 /034

第二节　我国空间科学的国际地位及学科发展状况 /035

第三节 经费投入与平台建设情况 /039
第四节 人才队伍总体情况 /040
第五节 问题和差距 /040
一、我国没有明确的主管空间科学发展的政府部门，空间科学探测缺少顶层设计 /040
二、我国还没有空间科学系列卫星 /041
三、我国的空间科学研究缺乏稳定的支持经费和渠道 /041
四、卫星有效载荷研发水平与国际水平有较大差距 /042
五、专业人才不足 /042
参考文献 /042

第四章 空间科学学科发展布局 /043

第一节 总体发展战略布局和战略目标 /043
一、学科发展布局的主要思路 /043
二、我国空间科学到2020年发展战略总体目标 /043
三、未来10年空间科学学科发展布局 /044
第二节 分学科发展布局和重点发展方向 /045
一、空间太阳物理 /045
二、空间物理与空间环境 /049
三、行星与太阳系探测 /054
四、微重力科学 /055
五、空间大地测量 /059
第三节 交叉学科发展布局与发展方向 /072
第四节 优势学科与薄弱学科的平衡问题 /077
第五节 人才培养需求分析 /077
第六节 国家重点实验室等平台建设计划需求分析 /078
一、国家重点实验室建设需求分析 /078
二、未来10年空间科学探测卫星需求分析 /082
三、天地一体化空间环境综合监测体系建设需求分析 /085
四、发展我国多频多模卫星导航系统仿真及综合应用平台 /086
五、月球与深空探测科学应用研究平台 /086
参考文献 /087

第五章 优先发展领域与重大交叉研究领域 /089

第一节 遴选优先发展领域的基本原则 /089
第二节 优先发展领域 /089

一、日地空间环境和空间天气 /089
二、太阳活动及其对空间天气的影响 /095
三、月球探测及地月系早期演化历史的研究 /098
四、火星、金星与小天体探测，以及行星表面环境与生命生存背景耦合关系的研究 /102
五、复杂流体行为的微重力研究 /108
六、空间大地测量理论、方法与技术及其地学应用 /115
第三节 重大交叉研究领域 /125
第四节 预期取得的重要进展 /130
参考文献 /130

第六章 国际合作与交流 /131

第一节 国际合作的发展态势 /131
一、美国深空探测合作计划 /131
二、欧洲深空探测国际合作计划 /131
三、日本JAXA的战略规划中的国际合作计划 /132
四、国际大地测量协会的全球大地测量观测计划 /132
第二节 国际合作与交流的基本情况 /133
一、依托国家重大任务开展广泛的国际合作 /133
二、积极参加国际上组织的重大科技合作计划 /133
三、举办和参加系列性的大型国际学术会议 /134
四、开始在国际学术组织和学术期刊中担任重要职位 /134
第三节 国际合作交流的战略需求分析与总体布局 /134
一、战略需求分析 /134
二、总体布局 /136

第七章 保障措施与建议 /138

附录 缩略语表 /140

第一章

战略地位

1957年，第一颗人造卫星发射成功，人类进入空间时代。空间科学应运而生，并伴随着航天技术的进步迈进了一个迅猛发展的新阶段。空间科学研究宇宙的过去、现在和未来，进行从宏观的天体到极端条件下原子与分子基本规律的探索，并从根本上揭示客观世界的规律，为空间技术和空间应用提供理论基础，牵引和推动高新技术和产业的发展。随着空间科学与应用研究成果的推广，空间科学已成为社会和经济发展的重要推动力之一，给人类带来巨大的利益。空间科学的水平在一定程度上代表一个国家整体的科学技术水平。发展空间科学对我国科学技术的进步将具有深远的影响，是增强国家综合实力的重大战略决策之一，将有力地促进我国高新技术特别是国防、航天领域高新技术的跨越式发展，极大地振奋民族精神，弘扬先进文化，推动全民族科技素质的提高。

第一节　空间科学是当代自然科学的前沿领域，不断扩展人类的知识领域

爱因斯坦曾指出："未来科学的发展无非是继续向宏观世界和微观世界进军。"空间科学探索宇宙空间及物质运动的规律，在当前自然科学微观和宏观两个重要前沿领域中，它占据着宏观世界的前沿领域并和微观领域的重要科学问题有密切关系，孕育着科学上的重大突破和发现。

空间为自然科学的发展提供了得天独厚的优越条件：①由于地球大气的影响，人们在地面上只能观测到光学和有限的射电波段，它们在宽广的天体辐射波谱中只占很小的一部分。空间观测使人们摆脱了地球大气的束缚，可以在几乎全波段范围内观测来自天体的辐射，即使是在可见光波段，由于突破地球大气的干扰，空间分辨率可以空前地提高；同时，在空间能够实现长时间不间断

的观测，为研究宇宙的活动现象提供了根本保证。②宇宙空间是一个地面无法模拟的特殊实验室，不断涌现出自然科学领域数百年来的经典理论所无法解决的新问题，是有待探索、开垦的重大基础科学前沿。太阳为我们提供了详细观测宇宙磁场复杂结构及其中的等离子体过程和各类电磁相互作用的独一无二的机会。日地之间的空间环境涉及诸多物理性质不同的空间区域，如中性成分（中高层大气）、电离成分（电离层）、接近完全离化和无碰撞的等离子体（磁层和行星际），以及宏观与微观多种非线性过程和激变过程，如日冕物质抛射（CME）的传播、激波传播、磁场重联、电离与复合、电离成分与中性成分的耦合、重力波、潮汐波、行星波、上下层大气间的动力耦合等，这些都是当代难度很高的基本科学问题。③空间所特有的高真空、高电导率、高温、强辐射和微重力环境，作为一种极端的物理条件，为探索自然科学前沿问题和发展高技术提供了极好的机遇，它可以研究地面重力环境下被掩盖的现象或者在地面难以研究的问题。例如，新的力学体系及毛细作用和浸润过程，没有浮力对流影响的燃烧过程，无浮力对流与沉降条件下的材料凝固过程，高温熔体中的物质输运过程及新材料制备，三维细胞/组织培养和高质量蛋白质单晶生长，以及基础物理前沿，这些研究可以为自然科学的突破性进展做出重大贡献。

当代科学发展的历史已经充分证明大量的科学发现和进展来自于对宇宙和空间的探索。空间天文开辟了从 γ 射线到射电波段的全天时、全方位和高分辨率探测的新纪元。至今发射的各种航天器中大约 10%载有天文望远镜或与空间探测有关。美国国家航空航天局（NASA）四大空间天文台哈勃太空望远镜、康普顿 γ 射线天文台、钱德拉 X 射线天文台和空间红外天文台分别在可见光、γ 射线、X 射线和红外等四个不同波段上观测宇宙，打开了观测宇宙的新窗口。例如，20 世纪 90 年代发射的哈勃太空望远镜使观测宇宙的深度大大提高，极大地丰富了人类对宇宙的认识。通过哈勃太空望远镜的观测，人类已经发现了大量未知的天体，并使人类的视界延伸到了 140 亿光年的距离，几乎达到了宇宙自身自大爆炸以来膨胀的尺度，并使宇宙学的研究尺度到了精确研究的阶段。通过对宇宙 X 射线和微波的观测，人类确认了宇宙起源的大爆炸理论并发现了组成宇宙的主要成分——暗物质和暗能量，2002 年和 2006 年的诺贝尔物理学奖分别授予了成功探测到中微子、发现宇宙 X 射线源，以及发现宇宙微波背景辐射的黑体形式与各向异性的空间科学领域的科学家。21 世纪初，空间天文的研究将以宇宙的发端与结构、黑洞的形成与消亡、暗物质与暗能量、星系和行星系统的形成与演化，以及太阳活动及其对空间天气的影响为主题。人类对太阳系的探测，始于 20 世纪 50 年代末，从探测月球开始，逐渐发展到对地球邻近的行星（火星与金星）、其他行星、各类小天体，以及太阳和行星际空间太阳风的探测，目前的研究主题集中在两大科学问题上：太阳系是如何演变的，地外生命存在吗？人类的空间探测，由近至远，由易到难，经历了半个世纪，实现了对太阳系各层次天体和太阳系空间的 253 次探测。特别是在 2008 年 7 月，NASA“凤凰”号火星探测器发现火星上存在水，这是重大科学发现，为探索地外生命现象开辟了道路。2007 年 8 月 30 日，经过 30 年的长途跋涉，“旅行者二号”飞船在离地球 85 个天文单位（1 个天文单位是地球与太阳之间的平均距离，即 1.5 亿千米）处对终止激波进行了就地直接观测，这是人类历史上第一次传回太阳系边缘（Richardson et al.，2008）的信息。通过这些行星与太阳系探测活动所得到的关于行星与太阳系的认识是人类数千年来所获有关知识总和的千万倍，空间科学不断扩展人类的知识领域，并促使新概念不断涌现。长时间的微重力（$\sim 10^{-6} g_0$）和超低重力（$< 10^{-12} g_0$）环境为突破诸多基础物理难题提供了优越的实验条件，美国喷气推进实验室（JPL）的 λ 点实验在微重力环境将相变点温度范围从 1 mK 内减到 1 nK 内，从而测出氦相变点附近比热的奇异性趋势，验证了二阶相变的重整化群理论。普林斯顿大学的重力探测（GP-B）卫星实现了重大技术突破，在新的精度上验证了广义相对论所预言的测地效应（geodetic effect）和坐标系拖曳效应（frame-dragging）。

第二节　空间科学是牵引及带动航天和相关高技术领域发展的引擎

空间科学研究的进行离不开空间高新技术的支撑，它博采了众多现代科学技术领域里最新成果，依靠关键技术的集成创新，同时又对现代科学技术的多个领域提出了新的发展要求。每一项空间科学任务都是非重复性、非生产性的，包含大量的新思路、新设计。空间科学计划有别于一般应用卫星计划，它对航天技术的发展有直接的带动作用。在轨道设计方面，即使是运行于地球空间的科学卫星，绝大多数也都需要超出常规应用卫星轨道的特殊轨道设计，如大椭圆轨道、低倾角轨道、冻结轨道、编队飞行轨道等。进入太阳系的探测器对轨道设计提出了新的要求。在深空探测计划的推动下，利用行星引力借力飞行技术已普遍使用。在星际航行推进技术方面，已经牵引出的新技术包括太阳帆推进技术和核推进技术等。在姿态控制方面，科学卫星提出的超高分辨率要求，大大提高了卫星姿态控制的精度。在测控数传技术方面，科学卫星和深空探测计划对地面站的能力、星际导航提出了新的要求。在卫星结构、热控方面，科学卫星已经突破了平台和载荷相对独立的概念，形成了一体化的设计理念，大量科学卫星的构型已经彻底改观，无法判断哪是平台哪是载荷。在有效载荷技术方面，科学观测和探测需要在探测窗口、超高空间分辨率、超高灵敏度、超高时空基准方面得到超过前人的数据。空间科学计划直接牵引和带动航天技术的全面发展，同时也推动了相关领域高新技术的进一步发展，如电子与信息、新能源、新材料、微机电和遥科学等，从而带动我国科学技术的整体水平迈上一个新台阶。

第三节　空间科学是社会和经济发展的重要推动力

21 世纪人类所面临的人口增长、能源短缺、环境污染、人类的和谐生存与发展等许多重大问题，都对科学提出了严峻挑战，而科学与技术的发展将为解决或减缓这些问题做出贡献。

空间地球科学的发展，可极大地提高我们对地球环境和地球系统变化的整体认识水平，提高对天气、气候、地球环境变化和自然灾害的预报预测能力，减少或降低自然灾害对人类社会的影响。和地球对流层天气一样，空间环境也常常出现一些突发的、灾害性的空间天气变化，有时会使卫星运行、通信、导航和电力系统遭到破坏，影响天基和地基技术系统的正常运行和可靠性，危及人类的健康和生命，进而导致多方面的社会经济损失甚至威胁到国家安全。据统计，航天故障 40%来自空间天气的影响。在空间物理基础上发展起来的空间天气学强调科学与应用的密切结合，专门研究和预报空间环境特别是空间环境中灾害性过程的变化规律，旨在防止或者减轻空间灾害，为航天活动、通信、导航与定位、国家安全保驾护航，服务于国家的经济建设和社会发展。

微重力环境中可以生长出比地面质量更好的蛋白质单晶，利用这些单晶可以获得蛋白质的结构信息，从而有利于研制新药和促进蛋白质工程的发展。空间的细胞/组织三维培养可以获得与活体功能相近的组织。人们借鉴空间生物反应器的成果，致力于发展地基的先进生物反应器，从而促进组织工程的发展。微重力环境下可以更准确地测定熔体的热物理参数和物质输运系数，这些基础数据在材料制备的模型与模拟研究中是必不可少的。通过使用精确材料参数的模型化研究，可以发展先进的地基铸造技术。微重力流体科学开展的多相流过程研究，对于提高传热传质效率具有重要的作用；微重力条件下的燃烧实验研究，为揭示燃烧过程中的基本规律、发展燃烧理论开辟了一条有效的途径，结合微重力燃烧科学的研究，对改善地球环境污染、提高能源利用效率具有良好的应用前景。长期以来煤炭在我国能源结构中占据主导地位，同时燃煤也是大气污染的最大来源，通过微重力实验研究，将可得到我国代表性煤种的准确的燃烧特性基础数据，基于科学研究成果和其他相关努力，有望促使燃煤设备的设计得到改进，不仅可以节约大量的燃煤成本，还将有效地缓解交通运输压力、减少大气污染物的排放（Hu，2008）。

载人航天过程需要对宇航员进行细致的医监和医保，特别要寻求针对骨流失、肌肉萎缩等问题的对抗措施，以及监护人体心血管和血液流动的系统。这些空间医学的成果可以提高地面治疗骨质疏松等疾病的相关医疗水平，促进人类健康。

地外天体具有丰富的天然资源，可以作为地球资源的重要补充和储备，可对人类社会的可持续发展产生深远影响。月球表面可获得丰富的太阳能、丰富的氦-3，可为未来能源的发展提供资源。利用月球特殊的环境条件——高真空、弱重力、强辐射、微磁场和丰富的太阳能等，可制造出地面环境中无法获得的新材料、新器件、生物制品等。月球所蕴藏的矿物资源及所具有的天然特殊环境，有可能转化为直接或间接的经济效益，服务于未来的人类社会的进步与可持续发展。

空间大地测量是为人类的活动提供地球空间信息的学科。随着全球卫星导航系统（GNSS）、卫星测高（SA）、卫星重力测量（SG）、干涉合成孔径雷达测量（InSAR）、甚长基线干涉测量（VLBI）及卫星激光测距（SLR）等空间技术的迅速发展及广泛应用，空间大地测量已成为研究地球动力学和监测全球环境变化，以及地震、海啸、台风、火山喷发等自然灾害的重要手段（许厚泽，2002）。空间大地测量与地球科学领域其他学科的交叉，有力地提升了解决地球科学问题的能力，为探索全球变化、地球深层结构、动力学过程与机制提供理论方法和技术支持。空间大地测量还有助于解决空间飞行器、空间站交会对接中的精密定轨定位，以及空间天气效应修正理论与方法等关键科学问题，为载人航天工程、新一代卫星导航系统建设等多项重大标志型战略任务的顺利实施，提供了重要保障。

第四节　空间科学探测任务是国家意志的重要体现

空间探索体现了当代人类的基本特征：强烈的好奇心和探索未知世界的迫切性。空间探索的极端艰难性激发了人类的激情与创新。空间科学的发现和空间探测任务是人类认识自然、征服自然的象征。人类历史上最能体现国家意志的无疑是美国的“阿波罗计划”。20 世纪 60 年代以来，美国在人造地球卫星和载人太空技术方面一直落后于苏联，因而美国制订了人类登月的“阿波罗计划”，加紧了从事人类登月方面的研究与实验。为了早日实现“阿波罗计划”，美国方面动员了40多万人、约2万家公司和研究机构、120多所大学参加。整个计划用电子计算机辅助管理，成为美国继研制原子弹的“曼哈顿计划”之后又一个高度综合性的大工程计划。美国宇宙飞船“阿波罗11号”于1969年7月21日登上月球，首次实现了人类登上月球的梦想，获得了有关月球的大量的科学知识，是美国世界霸主地位确定的重要标志。进入21世纪，2004年1月，美国总统布什正式宣布了“新空间探索计划”，提出了宇航员重返月球并以此为基地在2030年左右实施载人探险火星的雄心勃勃的新航天构想。这个新计划的最根本的目的是要通过不断探索新的空间领域来巩固和加强美国在科学技术、经济和军事上的全球霸主地位。2010年4月15日，奥巴马在NASA肯尼迪航天中心发表演讲，称将开展太阳系机器人探测，包括对太阳大气、火星及其他目的地的探测任务，以及制作作为哈勃太空望远镜继任者的先进望远镜，以更深入地了解宇宙。期望在2025年前设计出新的飞船，进行远距离探测——首次进行月球以远的载人深空任务，从载人探测小行星开始，并取消了重访月球的计划，延长国际空间站的运营。在21世纪30年代中期，进行载人环绕火星探测任务并安全返回地球，随后将进行火星着陆探测任务。载人火星探测无疑是当今最前沿的空间探索项目，具有极大的震撼力，是美国国家意志强有力的体现。我国的载人航天和绕月探测工程同样体现了国家意志。空间科学任务具有重大科学意义的同时，也具有重大的政治意义。

第五节　空间科学在我国总体学科发展布局中占有重要的地位

2006年发布的《国家中长期科学和技术发展规划纲要（2006—2020年）》中指出，要将科技进步作为经济社会发展的首要推动力量，把提高自主创新能力作为调整经济结构、转变增长方式、提高国家竞争力的中心环节。空间科学是自然科学的重要前沿学科，具备探索性、创新性、引领性极强的特点，是有望取得重大科学发现、促进人类科学文明发展，满足国家重大战略需求、推动国家经济、社会发展，激励民族振兴的科学。空间科学研究涵盖了《国家中长期科学和技术发展规划纲要（2006—2020年）》的优先主题“深层次物质结构和大尺度物理规律”的核心内容，其主要研究方向为探索微观和宇观尺度，以及高能、高密、超高压、超强磁场等极端状态下的物质结构与物理规律；探索统一所有物理规律的理论，粒子物理学前沿基本问题，暗物质和暗能量的本质，宇宙的起源和演化，黑洞及各种天体和结构的形成及演化，太阳活动对地球环境和灾害的影响及其预报等。

载人航天、月球探测、第二代北斗卫星导航系统及高分辨率对地观测系统都是《国家中长期科学和技术发展规划纲要（2006—2020年）》的重大专项。我国的月球探测是开展行星与太阳系探测的起步，遵循“探、登、驻”三阶段发展规划，第一阶段“探”又分为“绕、落、回”三期，实施无人月球探测。第一期绕月探测已圆满完成科学探测任务，第二期月球软着陆与月球车巡视探测，已于2008年3月获得国家的立项批准，正式进入工程实施阶段；第三期月面软着陆探测与采样返回正在论证立项。此后，再逐步实现第二阶段“登”——载人登月和第三阶段“驻”——建设月球基地，整体进展与国际发展趋势相一致。基于国际地球科学及大地测量学的前沿研究需求，我国已经建立了全球定位系统（GPS）、InSAR、VLBI及SLR等空间大地测量地面监测系统，掌握了GNSS、卫星测高、卫星重力测量、InSAR、VLBI及SLR信息处理理论与技术方法，开展了与地震、海洋、冰川、水文等学科密切相关的空间地球科学研究。《国家中长期科学和技术发展规划纲要（2006—2020年）》中的16个重大专项之一——第二代北斗卫星导航系统已通过论证评估，正在实施中。截至2010年年底，我国第二代北斗卫星导航系统已成功发射7颗卫星，预计2012年年底完成区域覆盖，将于2020年年底形成30颗以上卫星组网的全球覆盖导航星座。第二代北斗卫星导航系统定位精度要优于美国目前的GPS。同时，正在推动先进、独立自主的重力卫星等现代空间大地测量技术系统的研究。我国空间大地测量与空间地球科学领域的研究正步入国际先进行列。我国微重力领域的研究为载人航天工程提供了强有力的技术支撑，包括为解决载人航天工程遇到许多地面上遇不到的工程问题提供技术方案，如微重力条件下的流体管理、多相流和热管理、防火、环境控制与生命保障系统，载人航天设施中的防火、灭火及火灾的监测预报等。

进入21世纪，我国的空间科学得到了政府的大力支持，空间科学、空间技术和空间应用被并列为我国航天发展的三大支柱之一（中华人民共和国国务院新闻办公室，2000）。特别是在地球空间双星探测计划，嫦娥工程及载人航天后续任务中，空间科学的成就与发展将日益受到世人瞩目。2007年10月我国发布了中国《航天发展“十一五”规划》，将“持续开展空间科学研究，扩展人类认知领域”作为重点任务，优先支持面向重大科学问题的自主创新项目，致力于在空间天文和太阳物理、空间物理与空间探测、微重力科学和空间生命科学等领域取得重要成果，不断扩展人类的认知领域。同年发布的《空间科学“十一五”发展规划》也明确了未来5年我国的空间科学发展目标、任务和未来15年的总体战略目标。

2009年11月3日，温家宝总理在《让科技引领中国可持续发展》重要讲话中强调，空间是人类远远没有进行有效开发利用的巨大资源宝库，是关系可持续发展和国家安全的战略领域。要开发与利用空间，首先要认知和了解空间。空间毫无疑问将成为我国实现可持续发展的战略性新领地。2010年6月7日，胡锦涛主席在中国科学院（简称中科院）、中国工程院院士大会上的讲话中指出要大力发展空间科学技术。要提高空间探测能力、对地观测能力、信息应用能力，在空间科学技术研究及其应用方面取得原创性重大突破，保证我国有效和平利用空间。

经过50多年的努力，我国的空间科学事业从无到有，从点到面，逐步建立起了空间物理、空间环境、空间天文、行星及天体卫星、微重力科学、空间生命科学和空间地球科学各个学科。据不完全统计，“九五”和“十五”期间国家在与空间科学领域相关的基本建设与科研项目上的投入已超过9亿元，建立了若干具有一定水平的对外开放的国家级实验室，建立了空间有效载荷应用中心，具有支持进行部分空间科学实验的基本能力，使得我国在空间科学的研究方面成为世界上学科较全、实力较强的国家之一。我国的空间科学事业也正在从起步阶段的满足纯技术需求走向科学需求牵引，成为体现国家意志的重要组成部分。

◇参考文献◇

许厚泽.2002. 地球各圈层相互作用的大地测量研究和检测. 大地测量与地球动力学，22（4）：1-5.

中华人民共和国国务院新闻办公室.2000. 中国的航天（白皮书）. http：//www. people. com. cn/GB/ChannelI/10/20001122/322422. html［2011-05-11］.

Hu W R. 2008. Advances in microgravity sciences. Transworld research network，Kerala，India.

Richardson J D，Kasper J C，Wang C，et al. 2008. Cool heliosheath plasma and deceleration of the upstream solar wind at the termination shock. Nature，454：63-66.

第二章

空间科学的发展规律与发展态势

空间科学是伴随着航天技术的进步而发展起来的一门新兴的基础交叉学科。本章将简要介绍空间科学的概念和内容，分析和总结本学科的发展规律和特点，并介绍国际上本学科的发展状况与趋势。

第一节　空间科学的概念和内涵

空间科学是以航天器为主要工作平台，研究发生在日地空间、太阳系乃至整个宇宙空间的物理学、化学及生命科学等自然现象及其规律的科学。主要领域有空间天文学与太阳物理学、空间物理与空间环境学、行星与太阳系探测学、微重力科学、空间生命科学、空间大地测量学与空间地球科学等。由于学科交叉，空间天文学、空间地球科学和空间生命科学等相关内容纳入天文学、地球科学、生物学科发展战略报告，具体内容在本报告中从略。

1）空间太阳物理学特指利用空间平台（包括飞船、火箭和高空气球）以地面无法比拟的条件开展对太阳的观测和研究。其研究内容覆盖了当代太阳物理学的主要方面，也是空间天文学的构成部分。

2）空间物理和空间环境学主要研究地球空间、日地空间和日球空间的物理现象，研究对象包括太阳、行星际空间、地球和行星的大气层、电离层、磁层，以及它们之间的相互作用和因果关系，还有认知空间环境对人类活动的影响。

3）行星与太阳系科学研究太阳系各层次天体的空间与表面环境、地理形貌、地质构造、物质成分、内部结构与物理场、起源与演化历史；探讨行星系统和太阳系的起源与演化，探索太阳系中地球以外生命的痕迹与发育的环境。

4）微重力科学主要研究微小重力环境中物质运动的规律，以及不同重力环境中重力因素对物质运动的影响。微重力科学一般包括微重力流体物理、微重力燃烧学、空间材料科学、空间生物技术与空间基础物理等（Committee on Microgravity Research and National Research Council，2003）。

5）空间大地测量学是利用人造地球卫星及其他空间探测器上的各种测量仪器系统，对地球的局部和整体运动、地球重力场及其变化规律进行全天候、高精度、大范围的测量，用以监测和研究全球环境变化、地壳运动与形变、地球系统的物质运动与迁移、地震火山灾害等现象和规律，以及相关的地球动力学过程和机制，为人类活动提供基础地学信息的学科。

第二节　空间科学学科的发展规律和特点

空间科学是伴随航天技术发展起来的一门新兴基础性交叉学科，主要有以下发展规律和特点。

（1）空间科学的发展与人类空间探测技术的进步密切相关，人类对于空间探测的每一次重大突破，都给学科的发展带来质的飞跃

空间科学研究开始于地基监测，人类很早就从极光、气晖、天电、潮汐及地磁场的扰动等易于察觉的现象中开始了基于地面的观测研究，随后利用气球、火箭进行临近空间的探测。1957 年，人类发射第一颗人造卫星开辟了空间科学发展的新纪元。空间科学伴随着航天技术和空间探测技术的发展而迅速发展起来。

空间天文学利用空间飞行器平台大大地扩展了人类的视野，最有代表性的一个例子就是脱离大气层的影响的哈勃太空望远镜拍摄到了几十到上百个恒星的照片，其清晰度是地面天文望远镜的 10 倍以上，利用哈勃太空望远镜拍摄的深空图像，研究人员发现了宇宙边缘附近有一个距离地球 140 亿光年的古老星系，这是迄今为止人类所发现的最遥远的天体。利用哈勃太空望远镜所收集的图像和信息，科学家们取得了一系列突破性的成就，确定了宇宙的基本尺度。可以预见人类对宇宙的认识将在更大孔径和更高分辨率的空间天文望远镜的支持下取得新突破。

半个世纪以来，人类发射了数百颗航天器专门用于空间科学探测，整个 20 世纪后半叶充满了激动人心的空间新发现。人们发现了辐射带的存在，证实了太阳风的存在，发现了高速太阳风起源于冕洞，基本了解了地球轨道附近的行星际空间环境，发现了地球弓形激波、粒子的激波加速和磁场重联等基本物理现象的存在。人类也有计划地探测了太阳系中的月球和其他行星，如美国“阿波罗计划”的成功实施，使得人类对于月球的认知和了解达到了前所未有的高度，并带来了关于地月系起源和演化的新的、有价值的参考数据。目前还有 20

世纪70年代末发射的飞船正在向宇宙深空急驶，“旅行者1号”飞船于2005年年底到达了太阳系的边缘（终端激波），给我们带来了太阳系边缘的直接信息。

地球轨道上的长寿命大型空间站，为微重力科学与空间生命科学提供了在地面上无法获得的长期的微重力条件，使人们认知了流体及燃烧物理过程的新行为，进行了改进材料性能，以及开发新材料和新生物样品的探索。空间对地球的观测研究，更是深深地改变了人们对地球系统的认识。

卫星对地观测技术每一次的重大突破，都会给卫星大地测量科学的发展带来飞跃。利用卫星跟踪的重力观测技术确定了更为精确的地球引力场模型中长波部分及其变化。卫星多普勒和GPS观测技术的广泛应用，在统一坐标框架内，测定了遍及全球的地面站的地心坐标。人卫激光测距技术的应用，使得对卫星测距达到厘米级的精度，并制成了流动式激光测距仪，可以测定地面站精确位置、极移和地球自转的短周期变化。星载雷达测高技术，成功测定了海洋表面形状和海洋重力场。冰卫星测高技术给出了冰川消融的定量估计。

（2）空间科学是在自然科学基础学科的基础上发展起来的，具有鲜明的多学科交叉的特点

随着空间技术的发展，人类越来越多地进入空间，进行直接的空间探测、实验、研究。空间科学是多学科交叉的前沿科学之一，物理学、化学、天文学、地质学、生命科学、材料科学等多个学科应用空间技术手段进行研究，形成了不同的空间科学研究领域。空间天文学和太阳物理学的发展首先是在传统天文观测的基础上发展起来的。地球科学的研究和发展，为行星与太阳系研究提供思路、理论、方法和经验，太阳系中地球外物质（如火星与月球陨石、与小行星对应的各类陨石、行星际尘埃等）的研究，为行星与太阳系领域提供了系统而丰富的太阳系各层次天体的物质成分、生命早期的化学演化、行星与太阳系的形成与演化各阶段的过程与年龄的科学依据。空间物理学从一开始就与地球物理学、大气物理学、太阳物理学、等离子体物理学等基础学科紧密地结合在一起，并且促进了这些学科的发展。微重力科学是借助于流体在空间微重力环境中的独特行为特征将传统的流体力学、传热学、燃烧学、物理化学、材料科学、生命科学及基础物理学等诸多学科紧密联系在一起，并促其相互交叉、渗透，形成诸多学科前沿和研究热点。空间大地测量学的成果极大地推动了诸如地壳形变及运动、地球自转与潮汐形变、冰后回弹、地幔对流及地核章动与地球动力学等研究，其监测的海平面变化、海面地形、冰川消融、陆地水储量变化，以及地壳的震前和同震形变，为地震、海洋、水文、冰川等许多地球科学的分支学科的研究提供了重要的基础信息。另外，空间大地测量学及其技术的发展又密切依赖各个分支学科的研究。空间科学的发展极大促进了多学科的交叉和发展，丰富了人类的知识，发展了人类的宇宙观。

(3) 空间科学探测任务具有前沿性、重大性、时代性和公众性的特点

空间科学探测的直接目标是发现新的自然现象和物质运动规律。由于科学发现的唯一性，只有第一，没有第二。①空间科学探测任务具有极强的前沿性。②空间科学探测任务具有重大性。空间探测计划根据投资规模大小可以分为小、中、大和国家专项计划，每一个计划都是重大计划，每一个计划的实施一般都能带来重要的科学发现，增加人类的知识。③空间探测任务还具有鲜明的时代性，都与国家重大科技决策密切相关，如20世纪60年代的“阿波罗计划”，90年代的太空望远镜和空间站，以及目前的以小行星和火星为主线的“奥巴马新政”下的“空间探索计划”等。④空间科学具有公众性，与其他科学领域相比，空间科学方面的发现甚至空间科学任务本身都是引起公众兴趣的重要领域，这和人类对自身生存的宇宙空间的好奇心相关。公众性具有科普教育意义，间接激励民众采用先进科技，促进GDP的增长。空间任务计划和活动需要大型运载火箭，这是人类征服自然的象征，所有空间任务都是国家重大任务，取得的成果都是重大成果。重大性同时具有政治性，如载人航天和绕月探测工程的成功具有振奋民族精神、凝聚民族力量的重大意义。

(4) 国际合作已成为空间科学发展的潮流和趋势

空间探测是人类共同的目标，往往耗资巨大，在科技全球化的今天，国际合作已是空间探测不可或缺的要素。通过国际合作，不仅可以实现研究经费互补、数据共享，降低测控运行费用等，还可以为国家的政治和外交服务。冷战结束后，空间探测的科学意义和经济效益等被越来越多的国家所认可。随着各国经济和技术的长足进步，参与空间探测的国家正逐渐增多，空间探测的深度和广度也不断扩大。空间探测已进入全面发展的新时代，趋向多元化，美国与苏联独霸空间探测领域的局面已不再出现。欧洲正迅速崛起，连续成功发射火星探测器、金星探测器、月球探测器和彗星探测器，水星探测器也在研制之中。中国和印度也将在空间探测方面占有一席之地。中国于2004年初正年式开始实施嫦娥工程，2007年，“嫦娥一号”绕月探测卫星（简称“嫦娥一号”）成为我国发射首颗探月卫星。印度于2008年发射首颗月球探测器“月球初航一号”卫星。空间探测投资很大，任务艰巨，国际合作现在已成为空间探测领域的重要特点和趋势。20世纪70年代的阿波罗-联盟号项目不仅是技术合作的典范，也是冷战鼎盛时期政治缓和的标志性事件。1997年10月15日，迄今为止发射的规模最大、复杂程度最高的行星探测器——“卡西尼-惠更斯”土星探测器，从肯尼迪发射中心由大力神4B-半人马座运载火箭发射升空。这个耗资达33亿美元的土星探测器也是一项大型国际合作项目，由NASA、欧洲空间局（ESA）和意大利空间局联合实施。参加“卡西尼号”土星探测计划的国家一共有17个，它是人类进入空间时代以来最激动人心的大型国际合作课题之一。目前进

行的“国际空间站”项目，有美国、俄罗斯、日本、加拿大等16个国家参加，始建于1998年，总投资为600多亿美元，是迄今世界上最大的航天工程，是世界航天领域最大规模的科技合作项目，也是航天史上第一个由各国合作建设的载人空间站。“双星-Cluster”是中国地球空间双星探测计划（简称双星计划）与ESA Cluster的合作。双星计划是中国第一次自己提出探测计划并开展国际合作的重大科学探测项目。双星计划与ESA Cluster的4颗卫星相配合，在人类历史上第一次进行地球空间“六点探测”，开始了地球空间天气多层次和多时空尺度研究新阶段。这项合作是按照我国提出的探测计划开展的以我国为主的国际合作，在合作规模和层次上迈上了一个新台阶。

空间现象的全球性和相互关联性强的特点也决定了空间科学的研究越来越需要国际合作。由于需要在广阔的宇宙空间和全球各地进行大量的观测，单靠一个国家的资源和力量是难以达到的。所以，空间科学方面的大规模国际合作计划几乎接连不断。从1957年国际地球物理年开始，紧接着是“国际地球物理协作计划”、“国际宁静太阳年”、“国际磁层研究计划”、“太阳活动极大年计划”和“中层大气计划”等。过去10年国际科学联合会理事会（简称国际科联）所属日地物理委员会（SCOSTEP）组织实施了“日地系统气候和天气”（Climate & Weather of the Sun-Earth System）计划。目前，以NASA为首、世界众多国家参加的“国际与太阳同在”（International Living with a Star）计划是一个“聚焦空间天气、由应用驱动的研究计划”，规模空前宏大，将在太阳附近和整个日地系统配置20余颗卫星，将日地系统作为一个有机联系的整体来探测研究。2007～2008年为纪念国际地球物理年50周年，国际上又开展了国际日球物理年（IHY）、国际极地年（IPY）和信息地球物理年（eGY）等计划。同样，空间大地测量技术手段的多样性、技术设施分布的全球性及技术系统研制的高难度性，决定了空间大地测量学发展所依赖的技术支撑体系的建设，必须由全球多个国家和地区通力合作完成和实现。

越来越多的空间科学探测和研究的成就得益于航天大国的双边或多边合作，这是空间科学发展的战略、科技与经济的需求。空间科学探测经历了从美苏争霸到美国独霸再到目前的多极竞争的局面，空间科学国际合作的特点日趋鲜明，其趋势还将长期继续下去，并且合作的深度、广度还将继续扩大。

（5）空间科学探测计划的实施和人才队伍的培养难度大、周期长，需要国家长期、稳定的支持

空间科学的发展离不开以航天器为主要工作平台的空间科学探测任务的支撑，而一项空间科学探测计划耗资大、周期长、集成度高、技术复杂、风险度高。一项空间科学任务从概念提出到方案论证到研制、发射、获取数据再到最后取得科学成果，短则需要七八年的时间，长则需要十几年甚至几十年的时间。

一项空间科学成果的获得，需要地基研究、空间探测前期预研、空间探测、空间探测结果的后续研究等多个环节的密切协同，很难在短期内取得显著成效。空间科学的研究是一个长期的、不断积累的过程。例如，卫星重力学的理论与方法研究始于20世纪60代，经过几代科学家近半个世纪的共同努力，到21世纪初，重力卫星才第一次成功发射和应用。

空间科学的基础性和交叉性决定了空间科学人才队伍是一支具备多个学科背景和知识的复合型队伍。例如，一名空间物理学者必须具备大气物理、等离子体物理等领域的相关知识；一名空间大地测量学者除必须熟悉大地测量专业技术外，还要了解和掌握一定程度的遥感学、地震学、地质学、地球物理学等相关学科的背景与知识；一名微重力科学研究人员需要具备“科学家和工程师相结合”的科学研究与工程实施的能力。空间科学任务的长期性和实施的不可预见性，则严重影响了人才队伍的成长。如果国家缺乏对空间科学的长期投入，将导致即便科学家提出先进科学计划也无法按时实施，打击科研人员的积极性，更为严重的是，缺少经费将导致研究队伍涣散、人才流失、现有研究基础逐步瓦解。

因此，空间科学要发展，就必须构建先进、综合、完善的技术支撑体系，建设一支知识全面、年龄结构合理、规模较大的研究队伍，这既需要国家在政策上的大力支持，也特别需要国家长期、稳定的经费投入。

第三节　国际上空间科学发展状况与趋势

近50年来，空间科学取得了巨大的发展，在揭示宇宙奥秘、发现自然规律方面获得了举世瞩目的科学成就，并开辟了新的应用领域，对社会和经济发展产生了重要影响。

一、空间太阳物理

太阳物理研究的一个核心问题是了解太阳磁场如何在对流层底部通过太阳发电机产生，如何通过磁浮力不稳定性浮现到光球表面形成以太阳黑子为特征的活动区和无所不在的太阳小尺度磁场等各种现象，磁场自由能又如何以耀斑和其他活动的形式被释放，如何通过太阳风和CME被带到日地空间和近地空间（Aschwanden，2008）。

目前国际上空间太阳物理研究有两个主要的发展趋势：一是对小尺度的精

细结构进行高时间和高空间分辨率的观测和研究；二是对大尺度活动和长周期结构及演化进行观测和研究。当然，对小尺度现象和大尺度活动之间的相互关系进行研究仍然是人们关注的重要方面。由此延伸出的太阳剧烈活动对人类生存环境的影响，已经成为当代自然科学中的一个重大前沿课题，与空间物理和空间环境研究开始密切结合。

20 世纪 90 年代以后，太阳与日球物理的探测进入了一个全面发展时期（NRC Solar and Space Physics Survey Committee，2003）。这期间，空间卫星探测占据主导地位，Yohkoh、Ulysses、SOHO、RHESSI、TRACE、Hinode、STEREO 及 GOES 系列监测卫星等一系列太阳探测卫星无论是在探测技术还是在探测范围上都得到了空前的发展，开始了多波段、全时域、高分辨率和高精度探测的时代。特别是，近年来相继发射了以理解太阳磁场起源和日冕加热为目标的 Hinode、以理解日冕物质抛射起源和传播为目标的日地关系观测台 STEREO、以深入研究太阳高能物理过程为目标的 CORONAS-P，以及以理解太阳耀斑和日冕物质抛射及其对行星际空间环境影响为目标的太阳动力学观测台（SDO）。

这些空间探测计划的实施，结合一系列地面设备的联合观测，取得了一系列重要的科学发现和成果。

1）太阳内部结构和动力学方面：1992 年，日震学研究在太阳辐射层和对流层边界发现了一个速度高度剪切的、厚度只有约 5％太阳半径的太阳强剪切层（Tachocline）（Spiegel and Zahn，1992），被认为是太阳磁场和太阳周发端的孕床；发现了新活动区浮现的显著特征；发现了黑子在光球之下的结构和动力学特征；发现了在接近太阳表面的稳定流向极区的子午环流。

2）太阳表面磁活动方面：红外太阳向量磁场观测取得进展，得到在温度极小区高达 5 高斯/千米的磁场梯度，揭示了低层大气的电流片结构；使暗条和日冕磁场测量成为可能；太阳表面小尺度磁场的浮现和对消在约 40 小时的时标内迅速更新太阳表面磁通量；观测到太阳极区的千高斯磁场及太阳表面大量寿命较短的水平磁场。发现太阳表面的局地磁发电机可提供足够的磁能加热太阳外层大气；太阳表面到处都存在小尺度的磁环，它们受对流等离子体影响，形成磁毯结构，很可能与传统的磁结构伞盖模型不一致。

3）太阳外层大气和日球方面：初步证认日冕中波的传播、磁重联、微耀斑对紫外线（UV）和极紫外线（EUV）谱线轮廓的影响；通过射电、X 射线、光谱和白光日冕观测揭示，日冕以 CME 的形式向行星际空间抛射磁化等离子体和磁螺度，同时通过发生在 CME 和耀斑之间的电流片当中的磁重联释放磁自由能；对 CME 的源区、触发机制、与太阳耀斑及爆发日珥的关系和对地有效性方面的研究取得重要进展；对高速太阳风起源的研究取得实质性进展。

4）太阳和恒星的联系方面：对恒星磁活动的研究和星震学取得重要进展；揭示了恒星磁活动对于恒星温度和自转速度的依赖，及这些性质与恒星年龄和恒星光球锂和铍丰度的关系；研究与太阳相似的恒星对理解和预测太阳磁活动长期行为有重要意义。

5）空间等离子体和磁流体数值模拟逐渐在太阳物理中得到广泛的应用，现已成为理论和观测之外的又一种重要研究手段。

进入21世纪以来，多架1米级以上的大型地面太阳望远镜相继或即将投入使用。由于采用了自适应光学技术，空间分辨率大大提高，发现了一些新的现象。在空间探测方面，除了已发射的Hinode、STEREO和CORONAS-P等一批新一代的太阳观测卫星外，大型卫星SDO于2010年2月发射升空。根据有关国家的计划，在未来的几年内，还将发射一系列重要的太阳观测卫星：以研究太阳总辐射变化为目标的PICARD卫星于2010年发射；以研究太阳过渡区为目标的IRIS将于2012年发射；太阳轨道飞行器（Solar Orbiter）、多卫星日球计划（Sentinels，Probe）、Solar-C等正在立项之中。这些计划的实施将实现对太阳大气、太阳两极、耀斑/CME等进行近距离、多波段和多方位的观测。从这些正在实施和未来实施的太阳探测计划中，可以看出未来空间太阳物理探测的发展趋势是（中国天文学会，2008）：为了深入研究太阳爆发现象（耀斑和CME等）、太阳大气和磁场精细结构及太阳长周期变化，多波段高分辨成像观测、立体（多卫星）观测、近日观测是主要发展方向。在观测波段方面，除了UV、EUV、软X射线、硬X射线、γ射线等地面无法开展观测的波段，高空间分辨光学波段观测也越来越引起重视。

二、空间物理与空间环境学

空间物理和空间环境学关注太阳活动对地球空间和人类活动的影响。NASA科学计划部（SMD）专门部署了日球层物理（heliophysics）领域，与地球科学、行星科学、天体物理构成NASA四大科学计划之一，主要研究太阳对地球和太阳系的影响。2006年，美国发布的“至2035年的太阳与太阳系联系发展规划”中，制定了三大科学目标：①开拓空间环境预报的前沿领域，主要是了解从太阳到地球，再到其他行星，直到星际介质的太阳系空间环境中的基本物理过程。②了解我们的太空家园的自然规律，主要是要了解人类社会、技术系统和行星的居住条件受太阳活动和行星磁场的影响。③保障探索之旅的安全，主要是发展预报灾害性空间天气的能力，最大程度保证载人航天和航天器探索的安全和科学产出（NASA，2006）。空间天气的探测、研究和保障服务提升到了国家战略的高度。日本及欧洲国家也纷纷开展该领域的研究工作，主要的特点和发展趋势概况如下。

（1）突出日地系统整体联系过程的研究，天基与地基相结合的观测体系日趋完善

从20世纪90年代开始，人们逐渐认识到把日地系统整体作为一个有机因果链进行研究的重要性。20世纪90年代中期美国开始制订国家空间天气计划，准备21世纪前叶建立空间天气监测体系，在物理上和数值模拟上建立从太阳到地面的空间天气预报模式，实现常规的和可靠的空间天气预报，日本与欧洲国家也相继制订了各自的空间天气计划。与此同时，国际空间局协调组织（IACG）开始整合各国发射的空间探测卫星，形成新的国际日地物理计划（ISTP）全球联测，过去10年，国际科联所属日地物理委员会组织实施了“日地系统气候和天气”计划。目前，以NASA为首、世界众多国家参加的“国际与太阳同在”计划是一个“聚焦空间天气、由应用驱动的研究计划”，规模空前宏大，将在太阳附近和整个日地系统配置20余颗卫星，将日地系统作为一个有机联系的整体来探测研究。2007～2008年为纪念国际地球物理年50周年国际上又开展了国际日球物理年、国际极地年和信息地球物理年等计划。这些合作计划都是涉及多学科的综合观测研究，而研究目标都集中在该领域的核心问题上——太阳活动对地球空间环境和人类社会的影响。空间天气探测的发展趋势是一方面发展小卫星星座探测技术，观测小尺度三维结构，区分时-空变化（如THEMIS、Cluster、Cross-Scale等）；另一方面建立大尺度的星座观测体系，实现立体和全局性的观测（如STEREO、双星计划等）。探测区域不断扩展，飞船将到达太阳附近（约4个太阳半径）观测太阳风，同时针对关键的前沿科学问题设计有50颗小卫星探测磁尾及其磁层整体变化关系的星座计划等。

国际上在着力发展空间探测的同时，也十分注重地基观测。事实上，大型国际合作计划“国际与太阳同在计划”和“日地系统气候和天气计划”中，地基观测是非常重要的组成部分。正是由于具有“5C”（连续、方便、可控、可信和便宜）的优越性，地基观测是空间环境监测的基础，也是空间探测计划的重要补充。由于存在对空间环境进行全天时和整体性监测的需求，世界空间环境地面监测正沿着多台站、网络式综合监测的方向迅速发展。加拿大最近提出了地球空间监测计划（CGSM），包括协调观测、数据同化和模式研究等各个方面。作为世界最先进的空间环境监测国家，美国在众多的卫星探测计划之外，也提出了“先进模块化非相干散射雷达”计划（AMISR），通过2007～2012年和2013～2016年两个阶段的研制与发展，为研究迅速变化的高层大气及观测空间天气事件提供强有力的地面空间环境监测手段。

（2）空间天气过程在宏观和微观两个层面上开展研究，强调二者的密切结合

空间天气研究面临挑战的科学问题主要包括大尺度（宏观）和中小尺度（微观）两个方面的问题。

1）空间天气大尺度问题。实现把驱动空间天气事件发生的大尺度扰动能量的形成、释放经由行星际空间的传输，注入地球空间并触发地球磁层、电离层和中高层大气天气变化的能量沉积、传输、转换和耗散等过程，集成为连锁变化的全球行为。目的是建立描述日地系统空间天气的连锁变化过程的理论体系及其因果链模式——空间天气全球模式。

2）中小尺度问题。控制关键区域、关键点处扰动能量的形成、释放、转换和分配的基本物理过程，如磁重联过程、粒子加速和传输过程、等离子体和中性大气的耦合过程、光化-动力过程、湍动过程、波动过程和磁场的产生与易变性的发电机过程等。目的是深入揭示基本物理过程的本质，实现微观与宏观物理过程的融合。

（3）太阳活动—行星际空间扰动—地球空间暴的连锁变化过程及其建模成为国际空间天气研究的主攻方向

日地空间是一个耦合的复杂系统。来自太阳的能量和物质，经过行星际传向地球空间，形成能影响人类空间活动甚至地面系统的各种地球空间环境现象。例如，来自太阳的电磁辐射直接加热并电离地球高层大气，形成地球热层和电离层，并驱动高层大气环流。太阳活动与太阳爆发引起的太阳风扰动，通过与地球磁层相互作用，形成地磁暴、亚暴等磁层扰动，并通过太阳风-磁层-电离层/热层耦合系统，进一步影响到地球电离层与热层，引起电离层热层暴，产生包括极光在内的中高层大气剧烈扰动现象。此外，地球低层大气吸收来自太阳的辐射能量，以重力波、潮汐和行星波等波动形式将能量和动量向上传递，进一步加热高层大气，影响高层大气环流，拖曳电离层等离子体运动并与之发生耦合作用；潮汐等大气波动还在电离层底部（发电机区）通过发电机效应产生电场，该电场沿着倾斜的磁力线映射到整个电离层，导致电离层等离子体重新分布，产生包括赤道喷泉效应在内的电离层动力学和电动力学现象。

当前空间天气预报的水平与实际需求还有较大差距，预报的水平大约相当于气象天气预报20世纪五六十年代的水平。借鉴天气预报发展历史，要从根本上提高空间天气预报的水平——一方面要大力开展空间探测，针对日地空间关键区域和空间天气连锁变化过程进行监测；另一方面需要进行理论研究和建立相关的空间天气预报模式。经过几十年的发展，从太阳大气到行星际空间再到地球空间的不同空间区域都建立了成熟度不同的各种物理或者经验模式。在模式的集成和转化方面，美国在1995年的“国家空间天气战略计划”中明确把空间天气模式等研究成果的技术转化和集成列为计划中的战略要素；2000年的美国空间天气体系框架计划中，设计了快速原型中心，负责快速、集中地将所需研究模式和成果转化集成到空间天气业务系统中。美国空间天气预报中心和美国空军都建有专门的空间天气模式转化和集成中心（RPC，预报模式快速原型中心），专门负责空间天气业务模型的转化、运行、检验和集成工作，已实现了许多单一空间天气预报模式的应用转化和集成，并在多模式耦合集成上开展了大量工作，如磁层、电离层和热层模式的耦合集成。迄今为止，针对典型的空间灾害性天气事件，从太阳表面太阳风暴驱动源出发，贯穿日地空间，最终到地球空间的基于物理规律的整体集成预报模式的研究，在国际上正处于起步阶段。美国国家科学基金会（NSF）重点支持了以波士顿（Boston）大学牵头联合几个大学组成的空间天气集成模型中心（CISM）和 Michigan 大学主持的空间环境模型中心（CSEM），他们的目标是大约在 2010～2015 年完成初步的空间天气集成的数值模型。

（4）重视空间环境对航天活动和人类生存环境影响的研究

空间天气对人类活动的影响日益受到人们的重视。这些影响绝不仅仅限于空间活动，而是涉及从天基、地基各类现代高技术系统直至人类健康和人类生活的本身。就空间技术而言，据统计，在轨卫星的所有故障中，空间天气效应诱发的事故约占 40%，涉及航天器轨道、寿命、姿态控制，以及航天器材料、电子器件及软硬件的正常工作和通信测控；对于地面技术系统，1989 年 3 月 13 日，空间天气事件（磁暴）引发加拿大魁北克电网大停电事故后，空间天气影响问题引起人们广泛关注。人们开展了大量的研究，确认除电网以外，石油输送管道、铁路通信网络都会有类似影响。太阳、空间 X 射线、地磁、电离层发生骚扰，会使电波信号的折射条件改变、反射能力减弱、吸收加大，使信号发生闪烁、误码率增加等，甚至使低频、甚低频信号产生相位异常，广播电视系统会受到干扰甚至中断。突然电离层骚扰可使高频通信系统的信号被强烈吸收，可使通信系统的最低可用频率大幅度上升，可通频段缩减，直至通信中断。强烈的 F2 层骚扰可使最大可用频率和可通频率数缩减 50%以上。强烈的吸收和强烈的 F2 层骚扰的综合作用能使可通频率数缩减 80%以上，甚至 100%，通信完全中断；对电波传播的影响不仅限于通信领域，卫星精密定位系统、导航系统、雷达特别是远程超视距雷达系统都会受到空间电磁环境扰动的强烈影响，如它可使雷达测速测距系统、导航定位侦察系统产生误差，使卫星信号发生闪烁；空间高能粒子辐射除直接威胁航天员的生命安全外，民航飞机空乘人员特别是经常在高纬度地区和跨极区飞行的航班人员和器件同样受到影响；空间电磁环境扰动，空间天气事件与人类日常活动、健康条件和疾病发生的关系也已引起人们的关注并正在被深入研究中。空间天气中致密电离辐射（包括高能质子和重离子）会对人类健康造成威胁，航天员眼睛的视网膜受高能粒子轰击会发生闪光；在地面人群中，太阳质子事件增多时心脑血管疾病的死亡率也随之有较明显的增多，太阳质子事件引起的磁场变化会引起人脑的神经活动紊乱。因此，着眼于空间天气对人类活动过程的影响，开展空间天气变化中的电磁辐射、高能带电粒子辐射、等离子体物质、中性大气、微重力等环境因素对生物体相关效应的研究，是空间天气学发展的一个重要方面，同时，也是人类太空活动和地面人群的生命和健康保障的需要。另外，空间天气生物学效应的研究尚属于一个比较新的研究领域，相关研究容易得到国际领先的创新型研究成果，丰富空间生物学的知识内容，为人类空间生命科学探索提供越来越多的帮助。

三、行星与太阳系探测

1. 行星与太阳系探测的概况

从 1958 年 8 月 17 日美国发射第一个月球探测器 Pioneer 0 号开始，太阳系探测至今已有 50 多年的历史。据统计，截至 2007 年 12 月，人类已开展向月球以远的太阳系天体的探测共 252 次，其中成功和部分成功的任务 119 次（对成功或部分成功的判定依据主要以是否返回与主要探测目标相关的探测数据为准）。在这所有的行星与太阳系探测任务中，俄罗斯（苏联）发射过 113 次，占总数量的 44.8%；美国发射过 87 次，占总数量的 34.5%；日本发射过 6 次，占总数量的 2.4%；欧洲发射过 5 次，占总数量的 2.0%；美国和欧洲合作发射过 5 次，占总数量的 2.0%；中国 1 次。

在以上行星与太阳系探测任务中，以探测月球为主任务的次数最多，达 115 次，占总数量的 45.6%；探测火星的任务有 41 次，占 16.3%，其中 1990 年以后发射的有 12 次；探测金星的任务有 40 次，占 15.9%，其中 1990 年前发射的有 39 次，过去的金星探测器大多数是苏联发射的，总数为 33 次，美国在 1989 年前共发射了 6 个金星探测器，随后 ESA 于 2005 年发射了金星快车金星轨道探测器，这说明在 20 世纪 90 年代以后，火星探测逐渐超越金星探测，成为行星与太阳系探测的最大热点；探测水星的任务 2 次，占 0.8%；探测木星、土星等巨行星及其卫星的任务 6 次，占 2.4%；探测彗星和小行星等小天体的任务 10 次，占 4%（图 2-1）。

从太阳系探测的发展历程看，人类对于太阳系的探测，始于 20 世纪 50～60 年代，从探测地球的卫星——月球开始，逐渐开展邻近的行星——火星与金星的探测，太阳和行星际空间太阳风的探测。20 世纪 70 年代，逐步开展了太阳系其他行星——木星、土星、水星、天王星与海王星的探测，以及全太阳系的空间观测。20 世纪 80 年代开始探测太阳系的各类小天体——彗星、火卫 1、小行星、土卫 6 和冥王星。人类的空间探测，由近至远，由易到难，经历了近半个

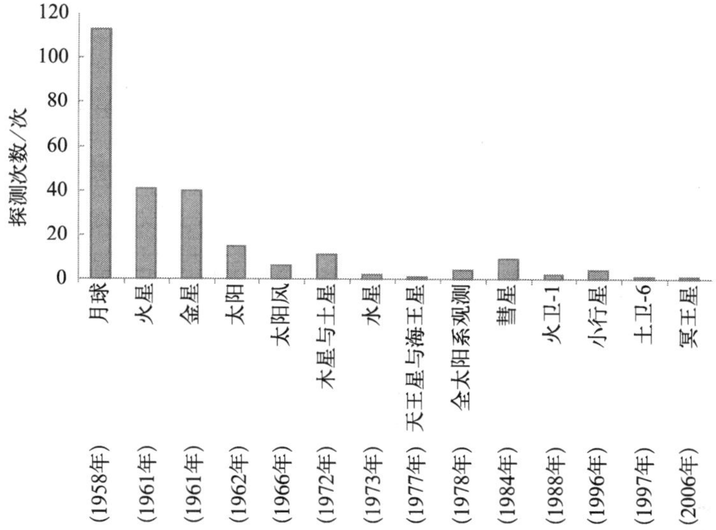

图 2-1　太阳系各天体探测次数

世纪，实现了对太阳系的初步探测。

因此，21 世纪将是人类全面与精细探测太阳系各层次天体与行星际空间的新时代。

对太阳系各层次天体的探测程度差异显著。半个世纪以来，对太阳系的 252 次探测中，主要探测对象但仍然是与地球最近的三个天体，月球、火星与金星，共计 196 次（占 77.8%）。①月球探测经历了飞越探测，硬着陆探测，环月轨道探测，软着陆就位探测，软着陆巡视探测，无人取样返回与载人登月取样返回；②火星探测实现了飞越火星探测，环火星轨道探测，软着陆就位探测和软着陆巡视探测；③木星及其伽利略卫星的探测实现了飞越、环绕探测；④对金星和土卫 6 进行了飞越探测，轨道器探测与软着陆就位探测；⑤对太阳系各层次的其他天体只实现了飞越探测或轨道器探测。

总之，人类对于太阳系的探测，虽然经历了半个世纪的艰苦卓绝的奋斗，但仍然是刚刚起步，对太阳系的认识仍然十分肤浅。

2. 行星与太阳系科学的学科发展状况与趋势

行星与太阳系探测一直是推动科技发展并引起公众广泛关注的科学探测活动。行星与太阳系探测项目的科学目标是解决具有重大和深远意义的并能反映公众兴趣的科学问题。根据美国、俄罗斯、日本、印度等航天国家目前所实施的空间探测计划及未来的规划可以看出，目前行星与太阳系科学主要集中在如下六个方面：①太阳系的起源与早期演化历史，②类地行星和太阳系天体的比较研究，③生命及相关物质的起源和演化，④太阳活动与行星际空间环境，⑤小天体撞击与灾害效应，⑥深空可利用资源的开发利用前景评估。

（1）太阳系的起源与早期演化历史

太阳系自形成至今已有46亿年的演化历史，由于年代久远，后期地质作用和空间环境的变化，太阳系众多天体早期地质历史的记录缺失。地球与金星、火星和月球大约分别缺失了早期8亿～10亿年、5亿～8亿年和2亿～5亿年的地质记录，小行星与彗星基本上保存了形成时的化学成分、矿物组成和内部结构。在探测太阳系各层次天体的空间与表面环境、大气组成与结构、地形地貌与地质构造、物质组成、内部结构、演化过程等的基础上，开展类地行星和太阳系天体的比较研究，比较行星学因此诞生。比较行星学是以地球的研究为基础，将地球置于太阳系的时空尺度里，对比研究各行星（重点为类地行星）的共性与特性，综合分析研究太阳系的形成演化规律。

1）行星的形成和演化过程研究。行星系统主要形成于46亿年前，在原始太阳周围由太阳星云盘物质的凝聚、吸积而成。在海王星以外，形成了柯伊伯(Kuiper）带。物理过程确定了系统的特性。只有详细了解行星的物质来源、物质组成、形成过程、内部演化、表面特征、大气组成与结构、磁层特征的不同形成过程，才可能了解行星的形成和演化的内部过程。行星形成和演化的内部过程包括整个行星历史中的化学演化，核、幔、壳的形成和热历史。撞击作用、构造作用和火山作用是形成行星表面特征的主要地质过程。行星大气记录了行星挥发物质的演化历史，以及这些物质与表面物质、气候和天气的关系。磁层的性质和演化特征是认识行星内部作用随时间的变化过程、外部物质丢失和大气演化的重要线索，这些特点也决定了行星层圈结构的特征。总之，这些结果将极大地深化我们对于行星形成和演化过程的认识。

2）太阳系早期撞击体大小和通量随时间的变化。为了研究地球早期的环境条件，需要从太阳系天体的古老地质单元获取信息。通过这些研究，可以确定早期的撞击体的大小和通量，这对地球及类地行星早期的撞击过程和地形地貌的研究有重要意义。

3）太阳系巨行星及其环带系统和Kuiper带小天体探测。

探测巨行星及其环带系统和Kuiper带小天体，对于了解太阳系行星的形成有重要意义。认识太阳系中气态、冰态巨行星与行星环，以及其伽利略卫星的特点，可以帮助理解巨行星密度与其组成和起源之间的联系。

（2）类地行星和太阳系天体的比较研究

为了研究太阳系的起源和演化，需要探测太阳系天体的体积、质量、运行轨道、空间与表面环境、大气组成与结构、地形地貌与地质构造、物质组成、内部结构、演化过程等，开展类地行星和太阳系天体的比较研究（欧阳自远，2006)。这就诞生了一门新兴学科——比较行星学。比较行星学以地球的研究为基础，将地球置于太阳系的时空尺度里，对比研究各行星（重点为类地行星）的共性与特性，综合分析研究太阳系的形成演化规律。

1）类地行星大气层的形成与演化过程的比较研究。通过对类地行星（地球、火星、水星、金星）大气层的物质来源、化学与同位素组成、大气与水体的协调与非协调演化，以及大气活动特征的比较研究，构建行星大气层起源与演化的新理论框架。气候的更替与全球性的火山作用、太阳能的输入及太阳系内的尘埃流量等因素有关，它们之间的影响非常复杂，人们对这种影响机制至今仍未了解清楚。例如，金星和火星的大气圈与地球大气圈存在本质差异。金星与地球运行轨道相似，而气候却存在极大差异。在金星上，温室效应导致温度较高。火星上较薄的二氧化碳大气层代表另一类极端环境，温度较低，导致二氧化碳以干冰和水冰的形式埋藏在火星土壤及上地壳中。在地球上，极端的气候环境逐渐演化形成普遍适合生命繁衍的气候。行星大气层的比较研究不但是比较行星学的一个重要研究内容，还对认识地球大气环境演化有重要意义。

2）类地行星的地形地貌与地质构造的比较研究。通过对类地行星地形地貌与整体区划特征、行星表面撞击坑的时空分布、行星大地构造类型与成因的比较研究，初步建立行星地质构造与行星演化的新理论模型。

3）类地行星内部结构与物理场的比较研究，研究内容包括类地行星的壳、幔、核的圈层结构特征，化学与矿物组成及形成模型；行星的重力场、磁场、热场与电场的特征与成因比较研究，初步构建新型能源制约的行星演化的新理论体系。

4）行星演化的时间序列。通过研究类地行星的凝聚年龄、形成年龄、间隔年龄、气体保留年龄、撞击坑年龄谱序等，建立太阳系演化的时间序列。

5）比较行星学综合研究。通过对类地行星（地球、火星、水星、金星）的大气、水体、环境、地形地貌、地质构造、内部结构的共性与特性进行比较研究，并构建类地行星与太阳系形成与演化理论新模型。

（3）生命及生命物质的起源和演化

在未来的行星与太阳系探测计划中，美国及其他主要航天国家都把探寻太阳系的生命与生存环境作为主要的科学问题之一。1996 年发射的“火星全球勘察者”探测器获取了火星表面溪谷和岩屑的流体特征，说明火星可能存在过液态水；2001 年发射的“奥德赛”探测器探测到火星浅层表面中氢元素的含量；2003 年发射的“火星快车”探测器成功绘制了火星北极的“冰冠”图像；2003 年发射的“勇气”号和“机遇”号火星车探测到含铁的氢氧化合物和硫酸盐矿物，推测火星上曾经有过水体的活动；2005 年发射的“火星侦察轨道器”（MRO）使用浅层雷达寻找火星的地下水。未来一段时期内，美国和欧洲将对火星开展密集的探测，俄罗斯也将于2011年发射“火卫-1土壤”探测器，获取火卫-1土壤样品后返回地球，将为太阳系生命的探寻和太阳系的早期演化研究取得重要科学资料。研究火星上是否存在过水体的活动和水的埋藏部位，进而探索火星是否曾经存在过生命，以及火星是否适合生命生存的环境，将是世界各航天国家在未来30年内的重要关注点和探测方向。

此外，美国对巨行星卫星（木卫-2、木卫-3，土卫-6、土卫-8等）的探测发现，在巨厚冰层下的海洋内有火山活动，值得进一步搜寻生命。开展小行星和彗星等小天体的探测活动也有助于解决地球上生命的起源，以及太阳系内有机物的起源和演化等与生命有关的科学问题。

探寻太阳系的生命和生存环境研究将侧重以下五个科学问题：①彗星与小行星的有机质和生命元素的组成、丰度及分布特征；②火星地下水的产状与埋藏条件，火星表面的矿物组成，寻找可能支撑生命活动的液态水和能源；③太阳系行星及某些卫星大气层的水蒸气、甲烷等成分的浓度与分布；④行星与某些卫星的表面环境及适合生命生存环境的机制和过程；⑤行星遭受小天体撞击的历史及撞击对生物圈演化的影响。

挥发性物质和有机物质的分布和运移与行星系统的演化密切相关。对生命及生命物质的起源和演化的研究主要回答太阳系中“是否存在地外生命”的问题：地球之外是否有适合生命存在的环境，对生命起源起决定性作用的因素有哪些，太阳系中生命如何演化，生命怎样随行星环境变化而进化？

因此，生命及相关物质的起源和演化研究将解决以下五个问题：①太阳系中有机质的组成、丰度及分布特征；②详细了解太阳系行星及卫星表面和上地壳的化学元素组成、同位素及矿物组成等特征；③通过研究金星、火星的大气演化及地球化学性质，并与地球进行对比研究，从而了解行星从极端环境演化为适合居住的环境的机制和过程；④行星遭受撞击的历史及撞击对生物圈演化的影响；⑤进一步探测火星，包括详细勘查表面下可能存在的水冰、火星表面的矿物组成，寻找可能支撑生命活动的液态水和能源。

（4）太阳活动与行星际空间环境

太阳活动对行星际空间环境产生巨大影响。在太阳系中，太阳活动产生的辐射分为电磁辐射和电离辐射。电磁辐射基本上都是由太阳所发射的，包括γ射线、X射线、紫外线、可见光、无线电波等，在距离太阳1AU（日地平均距离）处，太阳发射电磁辐射的平均能量强度为1360瓦/米^2。电离辐射包括太阳风、太阳耀斑产生的太阳宇宙线及银河宇宙线。电离辐射主要包括质子、电子和一些重核子。由于这些粒子的能量和组成不同，它们与太阳系各层次天体的相互作用也不同。太阳风属于稀、薄、热等离子体，发源于高温日冕，当高温日冕的温度超过太阳引力对它的控制时，太阳风便从各个方向发射出去，太阳风的主要成分是电子和质子。太阳宇宙线是太阳耀斑爆发期间从太阳表面的活动区喷射出来的高能粒子流，主要成分是高能质子。银河宇宙线主要由氢原子核（质子，约占90%）、氦原子核（α粒子，约占9%）和少量（约占1%）其他重原子核（$Z\sim1\sim28$，极少量 $Z>28$）、电子和γ光子等组成。太阳耀斑、CME、太阳宇宙线和太阳风暴在行星际空间的传播和演化过程、太阳风与行星空间环境的相互作用的基本物理过程都是太阳系探测的热点问题，也是空间天气预报的基础性科学依据。

太阳活动对太阳系环境产生巨大影响。尽管对太阳活动的研究已经取得了很大的进展，但是，相当多的问题还没有解决。无论是太阳耀斑、CME，还是太阳高能粒子事件的研究，都还有很多未知的东西需要我们去解决，突发性太阳活动的预报水平还较低。

（5）小天体撞击与灾害效应

地球演化的历史证明，小行星和彗星撞击地球，会诱发地球气候环境的灾变和生物灭绝。近地小行星和彗星威胁着地球和地球上的生命生态系统，探测小行星与彗星的物理化学性质、运行轨道，将为防御小行星撞击地球提供科学依据。

地外撞击威胁着人类的生存和发展，因此系统地评估地外撞击的威胁是非常重要的问题。人类自20世纪80年代初认识到白垩纪-第三纪生物大灭绝事件是由直径约10千米的小行星撞击而导致的环境灾变，逐渐认识到地外撞击对地球大气圈、岩石圈及生物圈有重大的影响。即使是很小的撞击体，仍然有巨大的能量，可以对地球局部地区造成毁灭性的破坏。千米级的撞击体对全球有毁灭性的破坏，一些小的撞击体由于具有较高的撞击概率，对地球也有很大的威胁。直径大于300米的天体撞击地球，相当于地表数十亿吨TNT炸药爆炸。

统计直径大于300米范围的近地轨道（NEO）天体，列出这些小天体详细清单是太阳系探测一个优先考虑的重要问题。根据目前探测的结果，估计近地空间有10 000～20 000个直径大于300米的小天体及难以计数的更小的小天体。由于这些小天体体积太小，很难通过现在的观测发现，需要通过航天探测确定它们的飞行轨道，并精确估计撞击地球的可能性和撞击产生的能量。

大量历史记录显示，若干历史上重要的地质突变时期，如6500万年前的白垩纪-第三纪界面、240万年前第三纪/第四纪界面和70万年前的地质突变界面，都伴随着地磁场倒转和天体撞击事件，这表明地磁场倒转和天体撞击事件与地球系统突变有密切的关系。

在地球磁轴倒转过程中会出现零地磁现象，在这个时期，地球的空间环境与火星和金星非常相似。现在发生在行星际空间环境中的大气逃逸、臭氧层消失、地表宇宙线和高能粒子的急剧增加等现象都有可能发生在地球上，这将对地球人类生存环境产生重大影响。

小天体撞击与灾害效应比较关注的科学问题如下：①小行星与彗星的形状大小、物理力学性质与化学组成；②近地小行星和彗星的运行轨道及撞击地球的概率分析；③地球历史中小天体撞击诱发地球气候、环境与生态灾变和物种灭绝的地质记录研究；④防御小天体撞击地球可行性方案研究。

（6）太阳系可利用资源的开发利用前景评估

地球作为人类生活的家园，随着社会的快速发展，人口急剧增长、资源逐渐匮乏、环境污染和生态破坏日益严重，威胁着人类社会的可持续发展。通过开展行星与太阳系探测活动，对深空可利用资源的开发利用前景进行评估，可以更好地为人类的未来作准备，甚至改变人类的命运。

太空资源分为传统太空资源和非传统太空资源两类。这里所说的传统太空资源主要是指人类已经在地球上开发利用过的能源与矿产资源，而非传统资源则指太空独特的可利用资源，如太空环境和太空旅游等。

根据现有资料，月球表面土壤中蕴藏着100万～500万吨的氦-3，100多吨的氦-3用于可控核聚变发电所产生的电量足以供全人类使用1年。以目前地球上钛铁矿开采的品位为参考值，可计算出月海玄武岩中钛铁矿的资源量超过100万亿吨，而月球克里普岩中稀土元素、钍、铀的资源量分别约为6.7亿吨、8.4亿吨和3.6亿吨。

近地小行星富含金属和矿物。金属型小行星上有丰富的铁、镍、铜等金属，有的还有金、铂等贵金属和珍贵的稀土元素。例如，最小的近地小行星3554 Amun是一个宽约2000米，由铁、钴、镍、铂和其他金属所组成的块状物体，其金属和矿物含量是人类有史以来所开采的金属矿的30倍。而它仅仅是许多已知金属质小行星中最小的一个。

美国天文学家发现，太阳系中最大的小行星“谷神”，在其星体外围覆盖了厚厚一层富含冰态水层地幔。据科学家初步估算，这颗小行星上所蕴涵的淡水总量，比地球上全部淡水量总和还多。

彗星富含生命所需的水和碳基分子。彗星上的水冰可被转化成液态氢和氧，是火箭燃料的两种主要成分。

火星作为与地球最相似的行星，进行环境改造可以让火星重新变得具有生机和活力。

太空环境是太空可供开发利用的最重要的非传统资源，而来自太阳的能量取之不尽，用之不竭。太空资源的开发和利用不仅可以为未来人类的发展提供保障，而且可以产生巨大的经济效益。

四、微重力科学

国际微重力科学经过长期的探索和发展，形成了明确的长期研究目标：一方面，利用空间微重力环境在物理学、化学和生物科学等自然现象的研究上获得新的认识；另一方面，转移空间研究的关键技术，改进地球上的工业和商业活动，促进地基高科技的发展。微重力研究的发展同时强调基础研究和应用开发研究（Committee on Microgravity Research and National Research Council，2000）。近 30 年来在载人飞船、空间站和航天飞机上进行了许多微重力科学实验，获得了一批重要成果。20 世纪 80 年代后期，国际上科技发达国家越来越重视微重力科学基础研究工作。与材料加工和生物制备过程密切相关的流体物理基本规律研究也备受重视，在材料制备的定量化和模型化研究方面取得重要进展。20 世纪 90 年代后期，随着国际空间站的建设，美国、ESA、日本等国际空间站的主要成员纷纷制订了在轨道上的研究战略计划，研究领域主要集中在微重力流体物理及相关的燃烧学、材料科学、生物技术等前沿领域，研究计划将一直持续到 2020 年左右（Evans et al.，2009）。

微重力流体物理是微重力科学研究领域中的经典学科和主要内容之一。早期以空间流体管理和空间材料生长中的流体过程为基本研究对象，对简单体系的毛细现象和对流、扩散过程进行了大量的研究。它尤其为流体表面（界面）驱动对流及其稳定性规律、表面毛细效应与浮力效应的耦合作用等新流体体系和新现象，以及晶体材料的空间生长和机理研究等提供了大量基础知识，同时丰富了人类对单一机制作用下的流体界面现象的理解，如变化的重力水平不但影响流体块状（对流）流动，还将引起毛细-重力波等流体界面效应（尽管是在很弱的重力水平下）。但是，上述研究一般局限于无质量交换的简单流体界面体系。近些年来，随着国际空间站的建设接近完成和微重力科学同时强调基础研究和应用开发研究的新趋势，国际上开始对有流体技术工程应用背景的复杂流体界面现象的流体过程及其重力的影响（如热管、薄膜蒸发、两相流动与沸腾传热技术等）加强了研究。美国、日本、欧洲等国家和地区已经将其列为微重力流体物理的前沿课题之一，并启动了诸如沸腾实验［（BXF，其中包含微加热器阵列沸腾实验（MABE）和核态池沸腾实验（NPBX 两个项目）］、对流和界面质量交换实验（CIMEX）、多尺度沸腾相关研究（RUBI）等国际空间实验研究计划。多相流和空间热管理、复杂流体与颗粒介质动力学研究等已成为微重力流体物理的新内容，这些研究将促进流体力学的新体系、界面过程、相变过程、传热和传质过程、胶体科学、软物质科学等学科的发展（Motil and Singh，2004）。

国际上的微重力燃烧研究在重视空间飞行器防火安全问题的同时，持续不断地开展燃烧基础研究，在两个方面均安排了数量可观的研究项目，并进行系统的组织。“双需求”是微重力燃烧研究固有的发展动力，不同国家根据自己的实际情况，在不同的历史时期会有所偏重，但总体来看，在当前及可预见的未来，对两方面的研究都有非常明确的需求，相关研究工作都将受到重视。近年来，主要空间国家纷纷推出了自己的空间探测和开发规划。研制新的空间飞行器、进行长时间的太空飞行对航天器舱内防火提出了更高的要求，而通过微重力燃烧研究，最大限度地保证空间飞行器的防火安全，这是各国都非常强调的战略目标，美国和欧洲尤其重视。空间飞行器防火安全的重点研究内容包括材料可燃性评价、火灾燃烧早期特征和检测等，既有对火灾燃烧中基本规律的研究，也有为发展实用技术进行的应用研究。各主要空间国家也继续重视利用微重力环境开展燃烧基础研究，研究内容涉及液体燃料燃烧、固体燃料燃烧和气体燃料燃烧等主要领域，研究目标进一步强调利用微重力条件下的研究成果指导地面燃烧过程的高效和低污染控制。为实现以上两个目标，这些国家在已有的研究基础上筛选了相关的研究项目，研制了具有较高技术水平的通用实验装置，计划进行大量的空间实验。各主要国家将空间实验平台作为开展微重力燃烧的重要基础设施，同时也关注短时微重力设施的作用，资助的短时微重力实验远比空间实验多。另外，随着人们对微重力燃烧机理的认识逐步深入及计算方法的快速发展，微重力燃烧的理论和数值模拟研究也进一步受到重视，其作用会逐渐增强。

空间材料科学的研究方向按微重力效应能明显体现的现象（NASA 分类）可分为形核与亚稳态、微结构的预测与控制、界面与相分离现象、输运现象和晶体生长与缺陷控制。空间的特殊环境，特别是微重力条件，为揭示地面上因为重力存在而被掩盖的材料过程，提供了必要的条件，使详细研究材料微观机理过程成为可能。空间材料科学在发展过程中所获得的机理认识，为地面材料制造和加工业提供了理论指导。例如，在电磁悬浮炉中对金属玻璃热力学性质的研究，为大块金属玻璃的设计提供了指导性的知识；确立了对流对枝晶生长机理的影响；了解了液相烧结中颗粒压模形状的改变原因，在此基础上地面工艺免除了研磨的步骤，产生了相当的经济效益；对 Ostwald Ripening 机理的深入研究摒除了 20 世纪 60 年代的旧理论；测定了多种金属、半导体等材料高温下的扩散系数；对直拉法和浮区法晶体生长过程的深刻理解导致了对这两种方法生长的晶体质量的改进；获得了对流对固液界面稳定性影响的深刻认识。但是，应该看到，空间材料科学研究受空间实验条件和资源的限制，进行系统性和由专业人员即时干预实验的可能性较小，因此研究结果出现深度、自洽性和系统性明显不足的现象。目前，世界主要空间研究机构都充分认识到了这个问题，因此都强调地面实验与空间实验的充分结合，确保用有限的资源获得更有意义的空间研究结果，并大力开展材料科学研究设备的集成化、轻质化和模块化，加强空间平台中的气体和液体的管理能力及对实验体系加载各种外场的能力，研制地面可以操控的及能够深入进行人工干预的空间实验设备，力求大幅度增加实验机会，提高空间材料科学实验研究的深度和广度。

空间蛋白质单晶生长是空间生物技术的主要内容之一，它试图在微重力条件下生长出大尺寸的高质量蛋白质晶体，并通过X射线衍射技术确定晶体结构，发展蛋白质工程。美国、欧洲等国家和地区进行了大量空间实验，取得了重要的成果。蛋白质单晶生长实际上是一种大分子生物系统的溶液晶体生长，其机理研究旨在探寻影响蛋白质晶体成核和生长的主要因素及利用微重力的有利条件生产地面上难于结晶的生物大分子晶体的方法。空间细胞/组织培养是空间生物技术的另一项重要内容，它利用失重条件对细胞/组织进行三维培养，研究微重力条件下细胞相互作用的影响，以寻求对培养条件做出最佳响应的候选细胞系统。细胞/组织培养的主要设备是生物反应器，研究和发展可长期运行的高效空间生物反应器，并用这种生物反应器研究重力的影响也是一个重要的内容。2003年美国国家研究委员会（NRC）提出的空间生物技术新领域为生物分子的化学与物理和细胞的生物物理与化学。相应地，NASA提出的研究重点为微重力下生物系统的物理化学运输过程，先进生命支撑系统和微流控、微模式化技术的应用。同时，载人航天过程需要对宇航员进行细致的医监和医保，特别要针对骨流失、肌肉萎缩等寻求对抗措施，并监护人体心血管和血液循环系统。空间医学的成果可以改进地面治疗骨质疏松等疾病的相关医疗水平，促进人类健康。为了对空间工作的宇航员进行医监和医保，各国发展了遥医学技术，并已应用到地基系统，可以对边远地区的病人进行医学处理。ESA研究重点为宇航员系统生理学，微重力与空间辐射的基础生物学，微重力环境的生物技术应用。

在空间基础物理领域，国际上（主要是美国和欧洲）已经进行了几十年的地面预先研究和空间计划方案设计及论证工作。2004年4月美国发射了“GP-B”卫星，以验证广义相对论的空间弯曲和进行磁型引力效应的空间检验。法国用于检验等效原理的小型卫星（MicroSCOPE），拟利用差分静电悬浮加速度计在10^{-15}精度上检验等效原理，计划于2011年发射。其他验证狭义相对论、测量引力红移和进行牛顿反平方定律检验的卫星实验（SUMO、SEE、OPTIS等）也在计划和运作之中。在空间冷原子物理领域，国际上对空间超高精度原子钟给予了高度重视，为充分利用国际空间站的资源，为国际新一代时间标准提供了基础；这样的超高精度时间标准对军事和基本物理研究有着重要的意义，目前还处于地面预研和空间计划的规划阶段。与精密的基础物理实验相对应的是具有极低微重力水平的卫星系统（如相对残余加速度达到 $10^{-13}\sim10^{-11}$），为此发展起来了无拖曳卫星控制技术。此外，基础物理实验装置还包括用于“GP-B”实验计划的高精度陀螺仪系统、用于等效原理卫星检验计划（STEP）超导量子干涉测量装置（SQUID），以及用于其他空间基础物理实验计划的差分静电悬浮加速度计、高精度惯性传感器、外差激光干涉仪、超高精度冷原子钟等。

五、空间大地测量

空间大地测量学的发展与进步，首先依赖于空间技术的发展。空间和卫星对地观测技术的每一次突破，都会带来空间大地测量学的重大发展。当前，主要的空间大地测量观测技术有六种。

（1）GNSS

GNSS 能够为地面、水上和空中的各类用户提供连续、实时的定位、导航和授时（PNT）服务，在国防建设、国民经济、科学研究及人民生活中均有重要的应用。目前，已经建成并投入使用的卫星导航系统有美国的 GPS、俄罗斯的“格洛纳斯”导航卫星系统（GLONASS）和我国的第一代北斗卫星导航系统（BD-1）。正在建设的有我国的第二代北斗卫星导航系统及欧洲“伽利略”导航卫星系统（GALILEO）。目前，GPS 已经在全世界得到极为广泛的应用，已经成为全球信息基础设施中的一个关键组成部分。由于卫星导航系统是直接关系到国家安全的关键性技术支撑系统，并且在发展国民经济、促进科技发展中有不可替代的地位，还是一个国家综合实力的重要标志，世界各国都十分重视卫星导航系统的建设和应用。20 世纪末以来，卫星导航进入了一个新的发展时期。美国和俄罗斯为了不断提高卫星导航的技术水平、满足未来几十年的卫星导航应用需求，先后启动了 GPS 的现代化计划和 GLONASS 的复兴计划。特别是进入 21 世纪以来，随着欧盟正式启动 GALILEO 计划，中国开始建设 GNSS，并将在未来几年投入使用（陈俊勇等，2007）。

（2）卫星测高系统

海洋卫星雷达测高以及冰面卫星测高技术的发展始于 20 世纪 70 年代中期，30 多年来美国和欧洲各自或合作发射了多代测高卫星，包括美国发射的大地测量与地球轨道卫星（GEOS-3）（1975 年），“西塞”海洋卫星（Seasat）（1978 年），测地卫星（Geosat，1985 年）及其后续卫星 Geosat Follow-on（GFO，1998 年），冰、云和陆地高度卫星（ICESat）（2003 年）；欧洲发射的 ERS-1（1991 年）及后续卫星 ERS-2（1995 年）、ENVISAT（2000 年）、CryoSat（2004 年，发射失败）、CryoSat-2（2010 年成功升空）；美欧合作发射的 TOPEX/POSEIDON（T/P）（1992 年），以及后续卫星 Jason-1（2001 年）、Jason-2（2008 年）。我国自主研制的海洋二号（HY-2）雷达测高卫星已于2011年8月16日发射升空。为了提高短尺度观测海洋特性和近岸带的能力，目前国际上正在研制新的宽幅（200千米）测高仪（SWOT或Jason-3测高卫星）。由于测高仪、重力场、其他扰动力模型及定轨技术的不断改进，特别是出现了星载GPS测轨技术，测高精度已从最初的米级提高到厘米级水平。新一代卫星重力计划——德国“小卫星有效载荷挑战”卫星（CHAMP）、“重力恢复与气候试验”卫星（GRACE）、ESA“地球重力场和海洋环流探测卫星”（GOCE）的实施，为测高卫星定轨提供了精度更高的先验重力场模型，更精密的星载GPS接收机也已出现，卫星测高精度得到进一步的提高。Jason-1由于装备了最新的GPS接收机BlackJack及采用GRACE重力模型GGMOIS，据宣称已达到1厘米定轨精度。Jason-1与T/P形成前后相随的双星测高模式，将时空采样率提高了1倍，如果联合其他测高卫星（ERS-2、GFO和ENVISAT等）数据，可获得更高时空分辨率的测高数据。测高卫星系统监测海面高度变化的能力和稳健性的进一步提高，可为满足相关海洋动力环境和海洋地球物理的研究，建立相应的海洋模型，提供更高的分辨率和精度的测高数据。

（3）卫星重力测量系统

新一代卫星重力探测技术被国际上公认为当今获取全球高精度高分辨率地球重力场及其时变信息的最有效的技术手段，包括卫星跟踪卫星技术［如CHAMP、GRACE和气象、电离层和气候星座观测系统（COSMIC）、卫星重力梯度测量（如GOCE计划）］。美国、欧洲等主要发达国家和地区早在20世纪60年代末就对卫星重力探测技术进行了广泛研究，近40年来在地面跟踪卫星摄动、卫星跟踪卫星和卫星重力梯度测量及其诸多应用领域取得了重要进展（许厚泽，2001）。2000年德国地球科学中心（GFZ）成功发射了实施高低卫-卫跟踪（SST-hl）测量的CHAMP卫星，2002年NASA和德国宇航中心（DLR）联合发射了同时进行高低卫-卫跟踪和低低卫-卫跟踪（SST-ll）的GRACE卫星。继CHAMP和GRACE卫星之后，ESA于2009年3月17日成功发射了GOCE，目前运行状况良好。该卫星同时采用了高低卫-卫跟踪测量（SST-hl）和卫星重力梯度测量（SGG）技术，科学目标是以前所未有的高精度和高分辨率（优于100千米空间分辨率、1mGal精度的重力异常和1～2厘米精度的全球大地水准面）测定全球静态地球重力场。此外，预计未来20年内，包括美国、欧洲、中国在内的世界各国和地区将合作实施GRACE-Follow-On和新一代卫星重力梯度测量计划（如量子干涉重力梯度测量）等。

（4）InSAR系统

InSAR技术通过利用雷达回波信号的相位信息来提取地表三维信息，通过差分干涉合成孔径雷达技术（D-InSAR）可以使测量地壳垂直形变精度提高到毫米级，而 PS-InSAR 技术的提出更是大幅度提升了 InSAR 技术在地壳形变测量中的应用空间。InSAR 技术可以监测地震周期的整个过程，包括震前、同震及震后连续和动态的地壳形变信息，及时捕捉断层的几何和运动参数，为定量地震预报研究提供了条件，同时可以进行火山、冰川、滑坡等地壳形变场测量。利用 ERS-1 数据获取的 1992 年美国 Landers Mw 7.3 级地震的形变场，与其他类型的测量数据及弹性形变模型的结果相当吻合。现在，InSAR 技术被广泛用于确定地震形成的同震形变场、地震断层的几何和滑动分布、震后形变和松弛及震间滑动等。

（5）VLBI 与 SCR

VLBI 技术常用于空间大地测量、航天测控及深空观测等领域。20 世纪 60 年代末，美国、苏联、日本以及欧洲等国家和地区都逐步建立了至今仍在使用和不断完善的 VLBI 测控网。我国的 VLBI 研究开始于 20 世纪 70 年代末，目前已初步形成了一个完整、独立的 VLBI 观测网。在空间大地测量领域，VLBI 技术已经成为建立惯性参考系和全球参考框架、测定地球定向参数、监测板块及区域地壳形变的技术手段之一。SLR 是 20 世纪 60 年代中期兴起的一项新技术，对地学领域相关研究具有重要的意义，目前已经应用于全球板块运动、地壳运动监测、地球重力场模型精化、地心引力常数测定及地球自转参数确定等方面的研究。采用空间大地测量技术（VLBI、SLR、GPS）实测地心坐标的精度已达到了 1～3 毫米，相对精度达到了 10^{-9}，这对地心三维坐标参考框架的维持、地球整体运动、全球性的板块运动监测、震前地壳形变监测、深空探测等方面的研究都具有重要的作用。

（6）大地测量数据融合及地学综合应用与服务

当前，空间大地测量的国际前沿或热点研究主要包括 GNSS、卫星重力大地测量技术理论方法与应用、InSAR 技术的大地测量监测与应用等，特别是中高轨道 GPS 精密导航定位定轨、低轨人造地球卫星（LEO）精密定轨、卫星重力场反演及地学应用、InSAR 技术的大地形变监测方法与信息处理、大地测量坐标系的精化与维持、多种空间大地测量数据的质量控制与融合等。

随着美国 GPS 的现代化、俄罗斯 GLONASS 的完善，以及欧盟 GALILEO 与我国一代卫星导航系统的即将建成，多星座、多频率、多模式 GNSS 卫星大地测量时代已经来到。以 GNSS 卫星大地测量为主导的空间大地测量学迎来了崭新的发展契机。

立足于空间地球科学研究、国民经济与国防建设等方面日益增长的应用需求，充分利用不断丰富的大地测量信息及性能更为优越的空间大地测量观测手段，发展更为先进的重力卫星等空间技术系统，提升空间大地测量监测能力及科学研究与应用服务水平，拓展空间大地测量学与地震、海洋、大气、气象和固体地球物理等地球科学各分支领域的交叉研究范围，是国际空间大地测量学今后的主要发展方向。

◇参考文献◇

陈俊勇，党亚明，程鹏飞.2007. 全球导航卫星系统的进展. 大地测量与地球动力学，27（5）：1-4.

欧阳自远.2006. 太阳系探测的进展与比较行星学的主要科学问题. 地学前缘，13（3）：8-18.

许厚泽.2001. 卫星重力研究：21世纪大地测量研究的新热点. 测绘科学，26（3）：1-3

中国天文学会.2008. 太阳物理学学科进展与趋势//中国天文学会.2007～2008天文学学科发展报告. 北京：中国科学技术出版社：33-40.

Aschwanden M J. 2008. Outstanding problems in solar physics. J. of Astrophysics and Astronomy，29：3-16.

Committee on Microgravity Research，National Research Council. 2000. Microgravity Research in Support of Technologies for the Human Exploration and Development of Space and Planetary Bodies. Washington：The National Academies Press.

Committee on Microgravity Research，National Research Council. 2003. Assessment of Directions in Microgravity and Physical Sciences Research at NASA. Washington：The National Academies Press.

Evans C A，Robinson J A，Tate-Brown J，et al. 2009. International space station science research accomplishments during the assembly years：an analysis of results from 2000-2008. NASA/TP-2009-213146-REVISION A.

Motil B J，Singh B S. 2004. NASA's microgravity fluid Physics strategic research roadmap. NASA/TM—2004-212914，AIAA-2004-0123.

NASA（National Aeronautics and Space Administration）. 2006. Sun-solar system connection science and technology roadmap 2005-2035：22.

NRC Solar and Space Physics Survey Committee. 2003. The Sun to the Earth—and Beyond：a Decadal Research Strategy in Solar and Space Physics，Solar and Space Physics Survey Committee. National Research Council.

Spiegel E A，Zahn J P. 1992. The solar tachocline. Astron. & Astrophys.，265：106-114.

第三章 我国空间科学学科的发展现状

我国空间科学已经历了半个世纪的发展，本章重点阐述空间科学学科在我国的发展现状、优势和不足。

第一节 我国空间科学发展概况

1958 年，赵九章等老一辈科学家向国务院建议发展我国的科学卫星，随后中科院为此进行了相应的机构调整，成立了应用地球物理研究所，专门从事空间物理和科学卫星的工作。20 世纪 60 年代初期开始利用探空火箭、探空气球开展高层大气探测，标志着我国空间科学研究的起步；70 年代初期开始利用“实践”系列科学探测与技术试验卫星进行了一系列空间探测和研究，对近地空间环境中的带电粒子及其效应进行了较为详细的探测，获得了很多宝贵的环境探测资料。

20 世纪 80 年代中叶启动的“国家高技术研究发展计划”（863 计划）和 1992 年启动的载人飞船工程（即“921”工程）是推动我国空间科学事业发展的两个重大计划，正是上述两个国家计划和任务的实施，实质性地推动了我国空间科学的各个领域的全面发展。从 1987 年起，我国科学家利用返回型遥感卫星完成了一批材料科学和生物技术的空间科学实验，包括砷化钾单晶的空间生长、α-碘酸锂单晶的溶液法生长、蛋白质单晶生长和空间细胞生长等。空间天文是地面天文观测在空间平台上的延伸，进入空间以后无论是观测频率的窗口还是观测信号，其稳定性都得到了大大的提升，我国曾利用气球平台进行过多次实验性的空间天文观测。1979 年还曾进行过天文卫星的设计及初样的研制工作。2001 年我国利用“神舟二号”实验飞船成功进行了第一次高能空间天文观测。通过“神舟”系列飞船返回舱和轨道舱提供的平台，我国在空间天文、空间环境、微重力流体物理、空间材料科学、空间生命科学和空间地球科学等方面进行了大量空间科学实验。载人航天工程为空间材料科学和空间生命科学提供了难得的发展机会。我国在多工位晶体生长实验，细胞生长及微重力下的电泳分离等方面进行了较为全面的实验，特别是在与人相关的空间生命科学的应用或航天医学方面得到了快速的发展，并为我国第一次载人航天的成功做出了重大贡献。

2001 年国防科学技术工业委员会（简称国防科工委）（国家航天局）批准正式开始的双星计划，是我国第一个以科学目标为牵引的空间科学研究计划，是我国空间科学事业新的里程碑。双星计划的赤道卫星 TC-1 和极轨卫星 TC-2 分别于 2003 年 12 月和 2004 年 7 月成功发射，目前已取得了一大批第一手的科学探测数据和创新性的科学成果。2007 年 10 月成功发射的“嫦娥一号”开辟了我国深空探测的新纪元。嫦娥工程通过对月球的环绕探测、着陆巡视探测和样品返回三个阶段，充分了解月球，获得前所未有的关于月球的知识。2003 年我国正式启用北斗一号区域卫星导航系统——“北斗卫星导航实验验证系统”，目前我国正在建设 GNSS，已经成功发射 7 颗卫星，2012 年年底前形成由 12 颗左右的卫星组成的区域覆盖星座，2020 年左右形成 30 颗以上的卫星组网的 GNSS。

经过 50 多年的努力，我国的空间科学事业从无到有、从点到面，逐步建立起了空间天文与太阳物理、空间物理与空间环境、行星与太阳系探测、微重力科学、空间生命科学和空间大地测量与空间地球科学七个学科。据不完全统计，“九五”和“十五”期间国家在空间科学及其相关领域的基本建设与科研项目的投入已超过 9 亿元，建立了若干具有一定水平的对外开放的国家级实验室，建立了空间有效载荷应用中心，具有进行部分空间科学实验的基本能力，这使得我国在空间科学的研究方面成为在世界上学科较全、实力较强的国家之一。我国的空间科学事业也正在从起步阶段的满足纯技术需求走向科学需求牵引阶段，成为体现国家意志的重要组成部分。

第二节　我国空间科学的国际地位及学科发展状况

我国空间科学经过 50 年的发展历程，建立了学科较全的学科体系，在基础研究的部分领域已经迈进国际先进水平。然而，我国空间科学的各个分支领域发展并不均匀，总体水平离国际领先水平还有相当的差距，与我国的航天大国的地位是不相称的，要到达与美国等空间科学强国比肩的地位还有很长的路要走。我国航空航天技术的持续高速发展，使空间科学成为我国基础科学中，有条件实现跨越式发展并进入国际前列的学科领域。

1. 空间太阳物理

近年来，我国太阳物理研究取得了很大的进展和成果，在国际上的显示度进一步提高，成为国际上太阳物理研究的一支重要力量。我国在磁场结构和演化、耀斑光谱观测和动力学、耀斑高能辐射、耀斑的射电频谱特征和精细结构、CME和日冕波动现象、日冕加热现象、微耀斑和过渡区爆发事件、暗条和日珥、太阳活动周和太阳活动预报等方面取得了有国际影响的科研成果。按照国际《太阳物理》(*Solar Physics*)公布的统计数据，2005年5月以来，总共发表了638篇论文，其中我国学者发表66篇，比例超过10%，与英国并列第二，仅次于美国。这充分反映了我国学者在国际太阳物理界的活跃程度。就平均引用率而言，近年来也有所提高。我国学者从20世纪80年代就开始使用国际空间太阳观测卫星的数据，而且基于太阳卫星观测资料的多项成果被收入国际出版的教科书中，这表明我国学者在部分研究方向上已经进入了国际前沿，另外，我国学者在使用这些数据的同时，也熟悉了空间数据的运行模式，这对于我国未来空间太阳卫星的设计优化和数据分析中心的运作具有重要意义。但是，由于我国尚未独立实施过空间太阳卫星项目，尚不能在某一个领域形成有效的力量并在国际上起主导作用，所以需要鼓励和引导我国的太阳物理学家把研究方向与我国未来的空间太阳卫星计划结合起来，同时逐步扩大相关的研究队伍规模。

2. 空间物理与空间环境

在空间物理探测方面，2003年和2004年的双星计划是我国第一个真正意义上的空间科学卫星探测计划，开创了空间物理探测的先河；2008年东半球空间环境地基综合监测子午链（简称子午工程）开始建设。在空间物理研究方面，我国科学家取得了一批引起国际同行关注的成果，如太阳大气磁天气过程、太阳风的起源及其加热和加速、行星际扰动传播、磁暴和亚暴的产生机制、磁重联过程、太阳风与磁层的相互作用、中高层大气动力学过程的探测与研究、电离层的建模，以及区域异常、地磁、电离层天气预报方法及极区光学观测研究等，开始站在了国际研究前沿。这些研究成果先后获得5项国家自然科学奖二等奖、1项陈嘉庚地球科学奖、4项何梁何利奖、多项其他部委级奖励，以及国际空间研究委员会（COSPAR）、ESA、日地物理委员会等颁发的多项国际重要奖励。此外，在国际一流学术刊物，如《地球物理研究杂志》等发表的论文数和影响力也迅速增长。所有这些从一个侧面反映出我国在空间天气、空间物理基础研究领域已具一定规模和影响。与此相联系的空间天气建模与预报也有了长足的进步，为我国神舟飞船系列、“嫦娥一号”等的空间天气保障做出了突出贡献。

3. 行星与太阳系探测科学

行星与太阳系探测科学的研究方式主要有两种，一种是通过对陨石的研究来获取有关太阳系起源和演化方面的知识，另一种是通过空间探测，通过人造地球卫星和各种行星探测器的相继发射，获得许多有关地球和太阳系其他天体的地质构造、化学特征与物理特征等的知识。

经过近 50 年的发展，我国的陨石学与空间化学的研究有了长足的发展，特别是对吉林陨石的矿物与化学组成、结构构造、微量元素、有机质、形成年龄与气体保留年龄、宇宙成因核素与宇宙线照射史、物理力学性质、母体的空间轨道、大气层轨道、通过大气层的物理化学过程及吉林陨石的形成演化历史进行了深入、系统的调查和研究，取得了一系列创新性成果。国内外学术界公认，中国陨石学研究水平已步入国际先进行列。随着我国在南极陨石考察的深入，我国于 1999～2000 年、2002～2003 年、2005～2006 年在格罗夫山地区分别收集到 28 块、4448 块和 5356 块陨石样品。我国南极陨石总数近万块，已成为拥有南极陨石最多的国家之一，仅次于日本和美国。这些陨石是陨石学和行星科学研究的珍贵的样品资源，极大地推动了我国陨石学的发展。

我国开展深空遥感和原位探测的历史不是很长，月球探测工程的启动和实施开创了我国深空探测的历史。绕月探测工程的四项科学目标是：①获取月球表面三维影像；②分析月球表面元素含量和物质类型的分布特点；③探测月壤特性；④探测地月空间环境。四项科学目标中以全月数字地图的获取为重要目标，以探测月壤特性作为国际上首次开展的探测项目，形成中国绕月探测工程的特色，以物质成分探测和空间环境探测作为基础性的探测项目，既与国际探月发展趋势一致，又有自己的特点，如二百五十万分之一全月球影像图，全月球数字高程模型（DEM）图和全月球微波图像等（欧阳自远等，2010；李春来等，2010a；2010b）。

4. 微重力科学

从 1987 年起，我国科学家利用返回式卫星完成了一批材料科学和生物技术的空间实验，进行了砷化镓单晶的空间生长、α-碘酸锂单晶的溶液法生长和蛋白质单晶生长等实验。空间材料科学实验以砷化镓单晶生长为主，同时扩展到其他材料的空间制备的研究。1999 年 5 月我国在“实践五号”科学实验卫星上首次成功完成了微重力流体物理两层流体空间实验，成功实现了科学实验装置全自动无人操作及遥测遥控等先进的空间实验。2005 年和 2006 年，我国利用第 22 颗返回式卫星和“实践八号”卫星搭载机会开展了 13 项空间微重力实验，绝大部分实验获得圆满成功，成为具备自主空间科学实验能力的少数几个国家之一，极大地提升了我国在相关领域的国际影响力和地位，也为进一步有效利用我国返回式卫星开展微重力科学和空间生命科学研究积累了经验。国家微重力实验室百米落塔也为我国微重力科学（特别是微重力流体物理和燃烧科学）学者提供了地基短时微重力实验的机会。近年来，我国在微重力流体物理、空间材料科学、空间生物力学方面取得了一批创新性研究成果，受到国际同行的重视，有些技术已步入国际先进行列（Hu，2008a）。2008 年，一批研究成果在国际微重力科学领域最好的学术期刊 *Microgravity Science and Technology* 以专刊出版（Hu，2008b），在国际微重力界产生了巨大的影响。目前专门制订的微重力科学和空间生命科学返回实验卫星（“实践十号”卫星）计划也在启动之中。ESA、法国国家空间研究中心（CNES）和（DLR）均已正式向中国国家航天局提出开展返回式卫星实验的合作项目，日本宇宙航空研究开发机构（JAXA）也表达了合作意向。目前，ESA 及 CNES 已与中国国家航天局达成“实践十号”科学实验卫星上星项目的合作协议，并取得了良好进展。

5. 空间大地测量

经过长期的发展和积累，我国在空间大地测量基础理论和应用基础理论研究方面取得了很大的进步。在卫星重力场反演及其在地震、海洋、冰川、水文等地学领域中的应用，GNSS 导航卫星及 LEO 卫星精密定轨，GPS 和 InSAR 技术对地表形变和地震的监测，空间大地测量数据融合与处理及电离层影响的精确处理等方面的研究，已经步入国际先进行列。例如，完成了“2000 国家 GPS 控制网数据处理工程”，建立了“2000 中国大地坐标系统”（CGCS 2000），满足了我国国防建设、国民经济建设及空间技术发展的需要（Yang，2009）；建立了中国地壳运动观测网络，并正在此基础上建设中国大陆环境监测网络（简称“陆态网络”）；在第一代北斗导航卫星系统的基础上，正在建设第二代北斗导航卫星系统（一期）（谭述森，2008）；利用 GPS 和 InSAR 得到了同震和震后的形变；推动了综合利用高频和静态 GPS 资料、InSAR 资料与地震资料研究联合反演地震震源破裂过程的研究；利用卫星测高及重力资料反演了海平面上升、中国陆地水储量变化及南极、格陵兰和青藏的冰川消融；特别是在保障我国载人航天、新一代卫星导航系统等多项国家重大标志性战略工程建设而开展的精密处理空间电离层天气效应的关键理论与技术难题研究方面具有一定的优势地位。近 20 年来，我国空间大地测量工作者紧跟国际大地测量前沿发展，在国际大地测量核心刊物和国际大地测量学术会议上发表了一系列高质量的学术论文，扩大了我国空间大地测量研究成果在国际上的影响。

第三节　经费投入与平台建设情况

据不完全统计，我国在1996～2006年在空间科学上的总投入为9亿元人民币，包括空间科学项目与基础设施，平均约折1200万美元/年。2006年美国以166.2亿美元的年度预算高居世界各主要空间国家首位，ESA以29.04亿欧元（折合37.5亿美元）居于次席，日本、法国、俄罗斯与印度紧随其后。从世界空间投入的发展趋势看，近几年世界各国的空间投入也呈现出快速增长的趋势。"十一五"期间国家对空间科学的投入［包括来源于国家国防科技工业局（简称国防科工局）、科学技术部（简称科技部）、国家自然科学基金委员会、中科院及国家发展和改革委员会（简称国家发改委）等各部门的投入，未计载人航天与探月工程国家重大专项资金］估计约为12亿元。"十一五"期间，我国空间科学投入占民用航天总投入的比重为1/10～1/8，而美国、ESA等发达国家（组织）在空间科学领域的投入都达到1/3，特别是美国对空间科学的发展日趋重视，并逐年增加其在民用航天总经费中所占的比重。NASA报告指出，1992年度空间科学在NASA总经费中所占的比重为24%，而在2006年度达到32%，并将在以后的预算中逐渐增加空间科学的预算比重。

依托双星计划、嫦娥工程等空间科学探测计划，我国建立了相应的地面科学应用中心和数据中心，初步具备了空间科学卫星科学计划制订、在轨有效载荷运行管理、数据接收、数据处理和反演、数据存储、数据产品生成和发布的能力。载人航天工程为以微重力科学为主的空间科学提供了有效的实验平台。

在地基探测平台的建设中，中科院的日地空间环境探测网络、工业和信息化部（简称工信部）的电离层监测网络、中国地震局的地磁监测网络、国家海洋局的基地空间物理监测，以及各高校、中国气象局等的地面探测手段，已经基本覆盖我国全境和南北两极。子午工程在2008年正式开始建设，目前已完成建设，进入系统集成、测试和试运行阶段，2012年1月正式运行，对我国空间环境地基监测网络的完善和建立将起决定性作用。我国太阳物理已建成了一系列总体性能优良的地面观测设备，其中部分设备达到国际先进水平，主要有怀柔太阳观测基地、云南天文台太阳物理观测设备、紫金山天文台太阳物理观测设备、南京大学太阳塔。在微重力科学领域，2003年建成了地上高度116米、地下深度8米的落塔短时微重力实验研究设施，我国成为国际上少数拥有百米以上落塔的国家。在空间大地测量领域，已建成了由27个永久基准站构成的、覆盖我国全境的地壳运动观测网络，并在此基础上，建成了260个永久基准站中国大陆环境监测网络工程（简称“陆态网络”工程）。

第四节　人才队伍总体情况

我国从事空间科学的研究力量主要分布在中科院的研究所和高等院校。已建设空间天气学国家重点实验室和相关的部委级重点实验室数十个，形成了由中科院、高校、工业部门和应用部门有关院所组成的较完整的学科研究体系，主要研究单位包括了中科院、教育部、中国航天科技集团公司（简称航科集团）、工信部、中国地震局、中国气象局和国家海洋局等近百家科研单位和高等院校。从事空间科学研究及相关技术研究的骨干人员总数超过1000名，其中院士30余人，国家杰出青年科学基金获得者、长江学者、百人计划学者和特聘专家近100名，正高职称人员超过400名。这为我国开展空间科学研究提供了良好的基础和人员队伍保证。

第五节　问题和差距

我国空间科学取得了长足的进步，但与国际先进国家相比，我国的差距是明显的，主要的问题和差距表现在五个方面。

一、我国没有明确的主管空间科学发展的政府部门，空间科学探测缺少顶层设计

由于历史原因，空间科学的探测和研究涉及中科院、国防科工局、航科集团、科技部、教育部、国家自然科学基金委员会、工信部、中国地震局、中国气象局、国家海洋局和军口等多个部门，在我国尚缺少对该领域综合全盘考虑的权威国家级机构，“计”出多门，而实施起来却十分困难。“十一五”科学卫星计划即是典型的实例。1993年成立了国家航天局，是我国民用航天的政府主管部门，但一直以来它的职能定位于国防科技工业管理部门，长期存在着对空间科学发展重视不够、管理职能不明确的状况，特别是2008年国防科工委调整成为工信部下设的国防科工局，管理空间科学探测任务的职能进一步模糊，已经影响到了空间科学的稳定、持续发展。

二、我国还没有空间科学系列卫星

从“实践一号”到“实践八号”卫星，我国所进行的空间科学探测与实验项目都属于搭载项目，科学家只能在限定的轨道、姿态和有限的卫星资源下，“就汤下面”，开展有限的探测和实验，系统性、精确性和目标适宜性无法保证。双星计划是截至目前我国唯一真正意义上的科学卫星计划，但自 2003 年和 2004 年发射上天后，我国的空间科学卫星就处于无以为继的状态。我国迄今尚没有发射过一颗天文专用卫星，这与我们的大国地位很不相称，我们没有实施过完整的、具有一定规模的围绕空间太阳物理的研究计划，研究队伍的规模偏小，而且还分散在众多的研究方向上，不能在国际上起主导作用。同样，我国还没有发射自己的重力卫星、测高卫星及 InSAR 卫星。由于自主技术支撑体系的缺乏，我国空间大地测量研究工作者很难尽快获得第一手资料开展研究，只能更多从事跟踪和模拟研究工作，严重影响了我国空间大地测量原始性重大创新成果的产出，制约了高水平空间大地测量人才能力的培养。

三、我国的空间科学研究缺乏稳定的支持经费和渠道

空间科学任务具备系统性、集成性、复杂性和创新性都很强的特点，一项空间科学任务从预研到任务完成往往需要数年甚至数十年的时间，空间科学成果的获取往往需要多个环节的密切配合，包括地基研究、空间实验前期预研、空间实验、空间实验结果的后续研究等。因此空间科学研究所需经费数量大，更需要稳定的支持经费和渠道。但是目前存在的状况是，一方面对空间科学计划缺少常规稳定的经费支持，地基研究经费得不到长期稳定支持。在项目经费资助上，提供空间实验任务的部门只资助空间实验的经费，不负责其前期及后续经费的资助，地基研究经费依赖科技人员自行解决。这种支持模式给科研工作带来许多困难，降低了科研质量。另一方面与空间科学计划相匹配的支持经费迟迟不能到位，重大的科学探测计划无法按期开展，这将造成最佳探测时机的错失，并导致无法实现预定的科学目标，如此造成即便科学家提出了先进的科学计划也无法按时实施的窘迫境地，不仅严重挫伤了科学家和研究人员的积极性和工作热情，更重要的是会进一步拉大我国与世界先进水平的差距，进而影响到相关技术领域的发展以至国家的创新发展战略，其负面影响是多方面的。

由于空间科学研究支持渠道的不够畅通，目前地基研究经费主要来自国家自然科学基金委员会和中科院知识创新工程，资助强度不够，影响了空间实验

项目的先进性及成果的完整性。由于争取资助困难，已出现有些已有成果苗头的项目只得放弃、科研人员流失等十分令人惋惜的情况。此外，由于经费不足，在营造科研环境、改善科研人员条件、引进人才等方面也存在诸多困难。

四、卫星有效载荷研发水平与国际水平有较大差距

我国有效载荷的水平还远不能满足空间科学探测的需求，存在有效载荷种类单一、精度较低、标定手段缺乏等问题。我国空间科学卫星资料主要依赖国外，远不具备独立自主的监测能力，长期存在着空间科学研究落后于航天技术发展的极为不平衡的局面。空间科学探测还没有实施国际上通用的以科学家为主导的有效载荷首席科学家（PI）制，有效载荷研制存在科学目标不明、技术指标不先进、数据处理和成果产出无人负责的尴尬局面。

五、专业人才不足

在国际上能引领学科发展的空间科学领域的领军人才还只出现在个别“突破点”，尚未形成“线”和“面”，整体研究实力还有待提高。特别是实验、探测技术人才紧缺。此外，还需要既有一定空间科学知识，又懂得航天、通信、导航和国家安全等领域需求的科技管理专家团队，他们应在推动空间科学的国家、部门决策过程中发挥重要作用。

参考文献

李春来，任鑫，刘建军，等．2010a. 嫦娥一号激光测距数据及全月球DEM模型．中国科学：地球科学，40（3）：281-293.

李春来，任鑫，刘建军，等．2010b. 嫦娥一号图像数据处理与全月球影像制图．中国科学：地球科学，40（3）：294-306.

欧阳自远，李春来，邹永廖，等．2010. 绕月探测工程的初步科学成果，中国科学：地球科学，40（3）：261-280.

谭述森．2008. 北斗卫星导航系统的发展与思考．宇航学报，29（2）：391-396.

HuW R. 2008a. Advances in microgravity sciences. Transworld research network，Kerala，India.

Hu W R. 2008b. Microgravity experiments on board the Chinese recoverable satellites. Microgravity Science and Technology，20（2）：59-143.

Yang Y. 2009. Chinese geodetic coordinate system 2000. Chinese Science Bulletin，54：2714-2721.

第四章 空间科学学科发展布局

第一节 总体发展战略布局和战略目标

一、学科发展布局的主要思路

根据当前我国空间科学研究的现状和国际空间科学发展的趋势，按照学科均衡、协调、可持续发展的总体要求，未来10年空间科学学科发展布局的主要思路是：立足于中国现状，以世界主要发达国家作为参照系，全面布局，突出重点，协调发展；瞄准国家需求和空间科学的前沿，开展以国家需求为导向的战略性基础研究及以科学问题为导向的原始性创新自由探索；坚持以基础研究和相关多学科研究成果交叉应用并重，形成多学科综合交叉研究的良好态势，实现跨越式发展；以加强创新能力为主线，以重大发现、理论创新和社会需求为引导，在相关重大空间探测计划和研究计划的带动下，整合本学科各方向的主要研究力量，形成优势互补、强强联合的领域研究团队；通过顶层设计，明确定位，凝练科学目标，积极参与国际合作，创建有特色的理论与方法研究体系，推动空间科学学科发展，满足国家经济建设和社会发展需求。

二、我国空间科学到2020年发展战略总体目标

有选择地开展针对重大科学问题的前沿探索与研究，在太阳系的起源和演化、太阳活动对地球环境和灾害的影响及其预报、地外生命的探索、微重力科学与空间信息应用等方面取得突破进展；利用10年左右的时间，着重建设独立开展空间探测与研究的能力和基础，初步形成以覆盖多个前沿学科领域的空间科学计划为标志的空间科学体系；培养一批有国际影响的空间科学研究人才。全面提升我国空间科学的研究水平，取得重大原创性科学成果，解决国家战略

需求的重大问题。实现我国空间科学的跨越发展。

三、未来10年空间科学学科发展布局

1. 空间太阳物理

空间太阳物理主要包括两个方面的发展趋势：一是对小尺度的精细结构进行高时间和高空间分辨率的观测和研究；二是对大尺度活动和长周期演化进行观测和研究。结合我国现有的空间太阳物理研究基础，我国未来10年空间太阳物理领域的主要方向可以概括成三个探索：对太阳活动微观现象和规律的探索；对太阳活动宏观现象和规律的探索；对太阳活动对日地和人类环境影响的探索。

2. 空间物理和空间环境

空间物理和空间环境领域在未来10年重点关注日地空间环境，将日地空间天气连锁变化过程的探测和研究作为主攻方向；初步建立天地一体化的空间天气监测系统；在太阳活动影响地球空间和人类社会的关键科学问题上取得突破性进展；着力提升空间环境的业务服务水平，增强我国航天活动和空间应用的安全保障能力。

3. 行星与太阳系探测

在环月探测的基础上，实施《国家中长期科学和技术发展规划纲要(2006—2020年)》中的月球探测工程，开展以火星为主线的行星深空探测，对地球和行星进行比较研究，了解地球环境未来的演化趋势；开展日球系统的探测，了解日球层的形成、结构和变化过程。

4. 微重力科学

微重力科学主要包括微重力流体物理、微重力燃烧、空间材料科学、空间生物技术和空间基础物理五个方面。除空间基础物理的相对论和引力物理实验需要专门的实验卫星外，其他的各项微重力实验将主要在空间站、卫星等微重力平台上完成。国际空间站上，美国、日本以及欧洲等国家和地区已安排了一批微重力科学的实验（Evans et al.，2009）。我国微重力科学今后10年的发展布局自然需对国际态势做出积极应对，并充分发挥我国在该领域的优势，进一步提高我国微重力科学的水平、地位与影响力。

5. 空间大地测量

随着GNSS、卫星测高系统、卫星重力测量系统、INSAR系统、VLBI系统

及 SLR 系统等空间技术在现代大地测量研究领域的广泛应用，目前已经形成了以卫星大地测量为主导的现代空间大地测量学。多种空间技术手段应用显著提高了现代大地测量监测能力。目前，空间大地测量学重点开展空间大地测量探测新技术、地球内部动力学、全球环境变化、地震大地测量以及空间大地测量地球参考系与数据融合等研究。

第二节　分学科发展布局和重点发展方向

一、空间太阳物理

未来 10 年空间太阳物理领域的主要方向可以概括成三个探索：对太阳活动微观现象和规律的探索；对太阳活动宏观现象和规律的探索；对太阳活动对日地和人类环境影响的探索。

未来 10 年空间太阳物理的研究的重点将围绕上述三个探索，着重开展太阳探测卫星概念性研究、太阳探测卫星载荷关键技术研究、太阳探测卫星计划总体集成研究、利用现有卫星数据开展的与太阳卫星计划相关的基础研究、围绕太阳探测卫星数据分析平台的研究等。其发展目标：实现太阳空间探测计划零的突破；初步形成适应空间太阳物理发展的研究和技术人员队伍；拥有若干处在不同研究阶段的太阳探测卫星计划，形成可持续发展的模式；空间太阳物理的观测和研究跻身国际行列。

太阳物理分支学科包括日震学和太阳发电机，太阳大气的磁场、结构和动力学，太阳耀斑和 CME、太阳活动预报、太阳和太阳系等离子体物理等。空间太阳物理就是要重点发展这些分支学科中与空间观测科学目标相关的部分。

1. 日震学和太阳发电机

自 20 世纪 70 年代太阳 5 分钟振荡被发现以来，日震学在八九十年代和过去的几年里得到了迅速的发展，从而成为研究太阳内部结构和动力学的重要工具。太阳精确的元素丰度、内部较差自转、内部子午流和太阳强剪切层等一系列重要的物理量都由日震学给出了很好的答案。随着日震学观测逐年的积累，现在对于太阳内部性质的周期性变化的研究也日益显得突出和重要，尤其在太阳第 24 活动周低年活动极弱，起始时间推迟的情况下，这样的周期性研究也显得更具必要性和重要性。近年相关研究相当活跃，包括日震学观测、全球日震学、局部日震学、日震学数值模拟、中微子流量和变化研究等。

另外，通常认为太阳磁场是由太阳发电机过程产生的，这种理论虽然在大约半个世纪前就提出，但近来取得了很大发展，如大尺度太阳发电机（湍流发电机模型、磁通量输运型发电机模型、太阳浅表发电机）、小尺度太阳发电机、三维非轴对称发电机理论、太阳周期的预测、太阳活动周研究等。

未来10年，日震学将会充分利用美国太阳观测卫星SDO上的日震与磁成像仪（helioseismic and magnetic imager，HMI）高精度、高时间和高空间分辨率观测结果开展研究；太阳内部更深层次的子午流速度和活动区内部的运动，以及日震波与磁场的相互作用研究，仍然是日震学研究的热点。在太阳发电机方面，非轴对称发电机可能会成为未来发电机研究的主要方向。鉴于国内在此方向上研究力量薄弱，建议通过国际合作，组织起关于太阳发电机和太阳活动周理论研究队伍。

2. 太阳大气的磁场、结构和动力学

(1) 光球

太阳小尺度磁场是在1975年被发现的。许多国家在太阳仪器发展的规划中，如4米太阳望远镜计划（AST）和SDO、日出卫星（Hinode）、空间太阳望远镜（SST）等，都把探测和诊断弱磁场的性质作为一个基本的目标。小尺度磁场主要存在于宁静区和冕洞，开展宁静区和冕洞磁场特性及磁场相互作用的研究，将揭示小尺度磁场的性质，对理解太阳活动和太阳风的起源至关重要，其课题包括宁静区小尺度磁场（网络内磁场和网络磁场）研究、冕洞小尺度磁场研究、黑子精细结构和动力学演化等。

(2) 色球

色球位于光球之上，厚度约2000千米。从色球底层到过渡区再到日冕，太阳大气的温度由约4500 K增加到10^4K量级，再激增到10^6K量级，电子数密度由每立方厘米10^{14}个降到10^8～10^9个。色球发射的钙离子谱线和氢的巴耳末线系比较强，在地面用Hα谱线（6563埃）、Ca II K线（3934埃）和H线（3968埃）进行太阳单色像观测。色球的结构有明显的不均匀和振荡特性。对色球的研究包括：色球加热、色球振荡、色球磁场测量、微耀斑、过渡区爆发事件等。

(3) 日冕

日冕是太阳大气的最外层，也是耀斑及CME等各种大尺度爆发现象发生的区域，太阳大气在这里被加热到上百万摄氏度。随着日冕探测卫星的不断发射及空间天气学的兴起，日冕大气的结构及其动力学行为成为太阳物理学中非常活跃的分支。比较热门的研究课题包括日冕磁场的测量，暗条和日珥的观测与理论（暗条扭曲不稳定性、失败的暗条爆发、部分暗条的爆发、爆发过程中暗条轴的转动、暗条的非对称爆发、跨赤道暗条爆发、暗条爆发前的振荡、暗条爆发后耀斑增亮沿其轴向的传播)，冕洞与太阳风高速流，日冕波动现象，冕环动力学，日冕加热问题。

未来10年，在太阳小尺度磁场和黑子精细结构的研究方面需要保持观测和理论研究的投入，研究小尺度磁场分类、演化和三维结构，小尺度磁场和太阳活动之间的因果关系；在不同波段上观测黑子的精细结构；通过辐射动力学模拟、磁流体力学模拟等方法研究黑子结构演化与耀斑和CME的关系等。在色球加热和色球振荡的方面，加强理论和观测的研究。色球磁场测量需要探求新的谱线和测量方法，包括色球谱线的辐射转移计算，耦合分析多层大气（光球及色球）的矢量磁场，了解磁场的三维空间分布特点。未来对微耀斑和过渡区爆发事件的研究将在更小时空尺度上进行。在日冕层，未来5～10年内在以下方面进行深入研究：日冕仪的选址和研制，日冕磁场诊断，研究暗条的形成、振荡及爆发，日冕波动现象，冕洞和高速太阳风等。

3. 太阳耀斑和日冕物质抛射

太阳耀斑是太阳表面最剧烈的活动现象之一。太阳耀斑是1859年9月1日由Carrington和Hodgson首先发现的。但是，直到1930年Lyot发明了干涉偏振滤光器，人们才能利用Hα谱线对太阳进行巡视，耀斑的观测和研究才得以全面展开。20世纪六七十年代，太阳物理学家主要对耀斑进行光学波段的成像和光谱观测，当时对耀斑的认识基本局限于色球部分的响应情况。70年代Skylab的发射，开创了耀斑空间探测的新纪元。人们对耀斑的认识有了本质的提高，从简单的“云模型”拓展到“环状结构”。80年代SMM卫星的发射，掀起了研究耀斑高能辐射的热潮，人们充分认识到高能电子（质子）在耀斑中的重要性。随着对耀斑的观测从早期的单一波段发展成全波段，对耀斑物理机制的认识也在逐步发展。现在比较公认的物理图像是：耀斑产生于磁重联；耀斑中被加速的高能电子向下轰击低层大气，产生硬X射线；向上的电子可以产生射电爆发；耀斑是太阳高能粒子事件的可能来源。关于耀斑过程的一个比较流行的模型是所谓的CSHKP模型。1991年发射的Yohkoh卫星和2002年发射的RHESSI卫星是两颗非常成功的太阳观测卫星，对耀斑的研究（特别是高能辐射方面）起到了极大的推动作用。与此同时，SOHO及TRACE等卫星也在不同波段（主要是EUV）上获得了耀斑的一些新的观测结果。2006年发射的Hinode卫星则展示了耀斑区域的一些精细结构。随着太阳活动又一个峰年的来临，对耀斑的研究也将步入一个新高峰。近年来对太阳耀斑的研究可以概括成如下几个方面：耀斑高能辐射和磁重联的观测证据；与耀斑相关的磁场变化；耀斑多波段诊断；耀斑大气的加热和动力学；耀斑“地震波”；耀斑的MHD数值模拟等。

CME是太阳系里最为猛烈的物质抛射和能量转换过程，也是最为剧烈的爆发过程。在此过程中，大量的高温物质和磁场被抛入行星际空间，对其中的物理环境和物理条件产生巨大的影响。尤其是对地的CME事件，等离子体和磁通量可能最终到达地球，并对地球周围的空间环境状况（也称为空间天气）造成强烈扰动。太阳爆发的主要特征在于其突发性：在极短的时间之内释放出巨大的能量。而驱动CME爆发的能量来自于日冕当中的磁场。由于日冕本身不会产生能量，这些能量最终来自于光球以及光球以下的对流层。近年来对CME研究比较热门的课题包括CME模型（非无力场模型、理想MHD模型、理想-非理想混合模型）、CME结构和质量、CME与耀斑的关系等。

未来10年，在太阳耀斑研究方面拟拓展研究领域和深度，包括如下内容：活动区的三维磁场结构，与耀斑爆发相关联的磁场变化及它们之间的因果关系；在不同波段（包括射电、光学、X射线）上观测耀斑的精细结构；通过辐射动力学模拟、磁流体力学模拟、粒子模拟等方法研究耀斑的能量释放和传输、粒子加速、动力学演化、白光耀斑和日球“地震波”的起源等课题。在CME研究方面，继续通过解析、数值模拟等方法研究CME爆发的机制、CME与太阳耀斑的联系，研究磁重联时的电流片的观测特征，特别是将太阳爆发的理论模型推广到不同天体的爆发现象中，并且充分利用我国将要建成的射电日像仪，开展耀斑和CME的观测和研究。

4. 太阳活动预报

太阳大气中剧烈活动现象（如耀斑、日珥爆发、CME）是产生空间天气学灾害事件的源头，因此，太阳活动的准确预报对宇宙航行、空间探测与科学研究、国防、国民经济等各个方面都具有极其重要的意义。太阳活动预报模式按预报的时效可分为中长期和短期两种预报模式，按照所要预报的物理现象又可分成很多类别。除预报耀斑、CME等剧烈活动现象之外，日冕磁场结构与太阳风参量的预报也是太阳活动预报模式的基本组成部分。在太阳活动水平较低时，太阳风成为影响近地空间环境的主要因素。到目前为止，各类预报模式主要还是基于太阳活动现象与预报参量之间的统计关系，而依据物理规律的太阳活动预报模式依然处于探索阶段。几类重要的太阳活动预报研究包括太阳黑子相对数预报、太阳十厘米射电流量预报、太阳耀斑和质子耀斑预报、CME预报等。

CME是太阳上规模巨大的爆发现象。太阳大尺度磁场的不稳定性和大范围的物质被加速和抛射是这类爆发现象的主要特征。由于抛射出来的日冕物质运动速度在每小时数百千米至千千米以上，到达地球通常需要几十个小时。所以在观测到CME现象之后，还有相当长的时间才能传播到一个天文单位之内的空间。在此时间内，需要判断抛射出来的物质会不会影响到地球，即CME的对地效应。根据CME的初始速度和抛射形成的锥体几何特征及爆发源区的日面位置可以判断其对地球临近空间影响的大小。

未来10年太阳活动预报方法研究主要从以下三个方面发展，即以智能化技术为支撑的专家系统应对预报服务对象的多种需求，寻求更完善的太阳爆发物理模型，基于观测数据的数据驱动模拟方法。此外，对24太阳活动周的研究将会推动对长期太阳活动规律的认识。

5. 太阳和太阳系等离子体物理

宇宙空间99%以上的可观测物质是处于等离子体状态的。太阳和太阳系等离子体及其动力学过程是离人类最近、也是目前唯一的动力学过程能被实地探测和高分辨观测的宇宙等离子体现象。特别是近10年来的研究显示，从太阳大气及其爆发活动到太阳风及其扰动传播直至地球磁层—电离层响应，形成一个具有强耦合行为的日地系统链，而等离子体及其与磁场的相互作用在这一耦合链中起着关键性的作用，这是一个跨学科交叉的研究领域。目前的研究课题包括太阳磁大气精细结构与日冕加热中的等离子体物理过程，太阳风及其扰动传播中的等离子体物理过程，太阳风—磁层相互作用中的等离子体物理过程，太阳和太阳系等离子体物理过程的实验室模拟研究等。

未来10年，我国在该领域重点方向：一是日冕加热和精细结构现象中的等离子体动力学过程，特别是等离子体波和波-粒耗散机制的研究；二是太阳等离子体活动现象及其微观动力学机制的实验室模拟研究。

二、空间物理与空间环境

空间物理与空间环境领域的分支学科包括了日冕物理、日球物理（行星际物理）、磁层物理、电离层物理、中高层大气物理、行星空间物理等分学科。

1. 日冕物理

日冕是太阳的外层大气，从色球边缘向外延伸至几个太阳半径处，由很稀薄的、完全电离的磁化高温等离子体组成，主要含有电子、质子和α离子及种类繁多的少数离子。日冕物理学就是研究这些存在于日冕中的磁化等离子体的起源、特征与演化，探索发生于其中的各种物理过程和变化规律的一门学科，是太阳物理学和日球物理学的交叉学科。日冕不仅仅是日球空间中的基本介质——太阳风与行星际磁场的起源所在，而且是CME和耀斑等太阳爆发现象的主要孕育和发生场所，对日地空间中的物理过程特别是太空天气具有直接的影响和控制作用。自从20世纪30年代初通过光谱观测发现太阳日冕具有上百万摄氏度高温以来，日冕的加热问题，一直是研究者普遍关注的焦点问题，至今仍没有被彻底解决；50 年代末 E. Parker 理论预言了日冕高温膨胀将产生超声速太阳风，并被随后几年的行星际空间探测所证实；70 年代初 OSO-7 卫星最早观测到了 CME 现象；随后 20 余年不断更新和改进系列空间探测设备，如 SMM、SOHO、Yohkoh、Trace 和 Rhessi 等几个重要卫星的相继投入，使得研究人员能有效避开地球大气的消光效应，得以在（E）UV、软（硬）X 射线、γ 射线等波段同时观测日冕，从而极大地推动了日冕物理学的发展，并彻底改变了早期主要由引力控制的均匀稳态日冕观点；有关研究在日冕波动现象的观测和证认、太阳风的起源和加速、日冕磁场结构、日冕中的磁场重联、太阳耀斑和 CME 的触发和爆发过程、太阳射电爆发、高能粒子的加速等方面均取得重要进展。2006 年 9 月和 10 月还相继成功发射了 Hinode 和 STEREO 卫星，均以探索太阳磁场演化及其爆发过程、CME 的三维特征与性质等为主要科学目标，正在为相关物理问题的深入研究和解决提供契机。具体前沿科学问题：日冕等离子体的加热问题、日冕中的波动现象、太阳风的起源和加速的物理机制、CME 和耀斑等太阳爆发现象物理过程的能量孕育和释放过程、各种爆发现象（包括太阳射电爆发、CME 激波的产生和演化、爆发过程中的粒子加速等过程）的物理机制。发展考虑不同时空尺度物理过程耦合的、更为实际的三维日冕动力学模型，并将太阳爆发在日冕与太阳风中的初发和传播作为直接控制和影响空间天气的重要环节进行研究。

未来 10 年，我国日冕物理学的重点研究方向包括高速-低速太阳风的起源和加速的物理机制，日冕磁场的数值重建技术，CME 和耀斑过程中磁能的孕育和释放机制，爆发结构的三维时空拓扑、高能粒子加速和射电爆发的物理机制，以及基于多波段观测数据的日冕磁场和太阳爆发过程的关键物理参数的诊断技术等。

2. 日球物理（行星际物理）

太阳的外层大气——日冕具有百万摄氏度以上的高温，它持续不断地携带着磁场向外膨胀，形成自太阳向外以超音速运动的太阳风等离子体流。太阳系内主要由等离子体流和磁场充满的空间被称为日球空间，其边界大致位于 70～200AU。日球物理就是了解该空间区域的物质状态的特征与演化，探索发生在其中的物理过程和变化规律以及太阳风与星际介质相互作用的一门学科。日地行星际空间是太阳向地球输运能量、动量和质量的传输通道，它像一条纽带把太阳和地球密切联系起来，是日地系统相互耦合链上非常重要的一环。

20 世纪 60 年代，人们实现了对行星际的直接探测，证实了太阳风等离子体的存在以及激波、共转流等重要发现。70 年代开始开拓对 0.3AU 及对 1AU 以远的探测，认证了行星际 CME 事件。80 年代开始关注行星际现象与太阳活动和地球空间响应的相关性研究。90年代以后到目前，日球物理进入黄金时期：人们首次实现飞绕太阳两极的大尺度三维观测，得到了太阳风结构的三维分布；在日地之间的L1点的卫星连续实时监测地球上游的太阳风条件，为了解地球空间环境的变化提供观测基础；位于地球轨道的两颗卫星联合探测CME事件的三维结构以及在行星际空间的转播和演化；旅行者2号飞船2007年在离85AU处穿越终止激波进入日球鞘区，发现中性成分对外日球环境有重要影响。最近10年，在行星际中的多种间断面（如电流片、激波间断、接触间断、阿尔芬间断等）与行星际扰动的相互作用、多重CME的相互作用、行星际激波的相互作用、行星际磁重联、太阳能量粒子在行星际的传输等方面都取得了重要进展。该领域的前沿科学问题包括行星际太阳风和日球的三维结构、各种间断面对行星际扰动传播的影响、CME事件/激波的行星际传播过程、行星际磁场南向分量的形成和演化、行星际扰动与磁层的相互作用、高能粒子在行星际空间的加速和传播等。

未来10年，我国日球物理的重点研究方向包括太阳风三维结构、太阳爆发在行星际空间的传播和演化、太阳能量粒子的加速与传输、日冕-行星际-地球空间耦合的数值模式等。

3. 磁层物理

磁层是指地球电离层以上由地球磁场主要控制的广阔空间，其中包含几乎完全电离的等离子体。磁层物理学主要关注磁层空间中电磁场与等离子体的变化，重点研究太阳风输入能量在磁层空间不同区域中传输、转换释放的物理过程。

磁层物理学的发展与空间探测技术密切相关，地球辐射带就是卫星空间探测第一个重要发现。随着空间探测技术的提高与进步，人们不仅了解了磁层不同区域的精细结构，并对其中的物理过程有了深入的认识。磁层空间探测目前的重要趋势是多点探测和成像探测。其中多点卫星探测计划以ESA的Cluster计划、中欧合作的双星计划及NASA的THEMIS计划为代表，成像探测以NASA的IMAGE卫星为代表。这些新的探测方法和思路虽然是在20世纪八九十年代提出，但大都在近十几年内才开始实施，并已使磁层物理学在近地太阳风与磁层相互作用、磁层亚暴、磁场重联等方面取得了多项重大进展。目前磁层物理研究的焦点还是集中在三个方面，即磁层亚暴物理过程、磁场重联和辐射带粒子的加速和损失过程的研究。

未来10年，我国磁层物理的重点研究方向包括磁层能量的储存与损失过程、磁层亚暴过程的物理机理、磁层磁重联的过程及其在能量转换中的作用、内磁层波与粒子的相互作用、磁暴期间环电流的来源与损失、辐射带粒子的加速与损失、极区磁层与电离层的耦合，以及磁层整体模式研究等。

4. 电离层物理

受太阳紫外及更高频率波段辐射的作用，地球上空从五六十千米到一两千千米之间的大气层被部分电离，称为电离层。电离层中有足够的自由电子，能影响无线电波的传播，进而影响通信、导航等地基和天基技术系统。电离层物理的主要研究对象是：在太阳辐射和太阳风扰动作用下电离层中的各种基本物理过程；这些物理过程导致的电离层形态及其分布与变化特征；电离层与地球空间中相邻层次（磁层和大气层）的相互作用。电离层是日地空间中的关键层次，是日地系统能量传输的终端，也是日地空间天气产生效应的主要场所。

20世纪初，马可尼进行的横跨大西洋无线电通信实验，是人类首次对电离层及空间环境的直接开发利用。作为科学的电离层物理研究发端于20世纪20年代中期对电离层无线电回波的实验测量。而后，通过对电离层中基本物理过程及电离层电波传播理论的研究，不仅建立并完善了电离层物理的理论框架，也大大促进了这一学科在高频通信等实用领域中的应用。这一时期的电离层物理蓬勃发展，成为地球物理学中十分活跃的分支，直到50年代末期融入随着人造卫星的升天而诞生的空间物理学之中，并成为这一新兴学科的一块基石。60年代以来，随着采用空间探测及地面非相干散射雷达探测，对电离层基本物理过程的认识有了深化，特别是强调了电离层与太阳风、磁层、大气层等的相互作用的重要性。90年代以来，将电离层作为空间天气系统中的一个关键层次，研究重点在电离层空间天气过程和电离层气候学特性等方面，通过开展电离层的模式化研究，同时促进了与电离层物理相关的基础理论研究和应用开发。该领域的前沿科学问题包括，高纬电离层及其与太阳风、磁层的相互作用；中低纬电离层及其与大气层的相互作用；高纬电离层与中低纬电离层的相互耦合；电离层扰动与电离层空间天气预报；电离层气候学与模式化等。

未来10年，我国电离层物理研究将围绕空间天气的监测预报，以及电离层模式化等的需求，着重开展耦合体系中的电离层空间天气与气候学研究。

5. 中高层大气物理

10千米以上的大气圈层被定义为“中高层大气”，它包括对流层的上部、平流层、中间层和热层。中高层大气是对太阳活动和人类活动等外界扰动都极为敏感的空间区域，是地球环境和太空之间的通道，也是当前人类知之最少的地球大气区域。其学科发展对于人类了解地球生态环境的变化，保障空间活动和技术系统的安全具有特殊的重要性。因此，吸引了众多的空间物理学家和大气科学家来共同关心这一领域。而各种灾害性天气、气候及空间天气事件给人类的生产、生活带来的巨大破坏，以及相应的巨额财产损失，迫使各国政府制订相应的国家研究计划。

自20世纪70年代中期开始，发达国家相继推出各自的研究计划并先后组织了多项全球性的合作研究，目的在于弄清中高层大气中关键的光化和动力学过程，以及它们对空间环境的影响。例如，美国正在执行的“空间天气”计划（the national space weather program），ESA的“欧洲空间天气”计划，以及国际日地物理委员会组织实施的“日地系统气候和天气”计划（CAWSES，2004～2008）等都把研究中高层大气天气和气候问题作为明确的科学目标。而NASA和美国国家科学基金会（NSF）分别推动的“大气各区域耦合、热力学和动力学”计划（CEDAR Phase III）和“热层、电离层中间层热力学和动力学使命”（“TIMED” Mission），更是直接关注中高层大气的观测与数值建模工作。在重力波、行星波、潮汐的观测、激发、迁移、变化规律和统计特征以及大气风场的特性等方面取得了重要进展。

未来10年，我国中高层大气物理着重开展中高层大气动力学、光化学与辐射过程及其耦合的研究和建模。

6. 行星空间物理

行星空间物理是了解行星及其卫星上空的空间环境的物理状况和变化规律，研究行星及其卫星的磁场、磁层与电离层以及与太阳风相互作用的学科，是日地空间物理学在太阳系的延伸和拓展。

20世纪50年代末以后，人类相继向月球、金星、火星、水星、木星和土星发射了各种探测器，以逼近飞行、绕转飞行、硬着陆、软着陆、载人飞行等方式，通过照相、自动测量、采样分析，以及宇航员的实地考察和取回样品，对月球和行星作了深入的研究。新的发现接踵而至，我们已经对行星的大气、磁场和磁层等方面有了一定程度的了解。此外，对于地球的卫星——月球，我们获得了更加丰富的资料。随着宇宙航行时代的到来，行星空间物理学已成为当代科学研究的活跃领域之一。

在太阳风作用下，行星磁场被限制在一定的区域内，这个区域称为行星磁层。磁层内充满等离子体，其物理性质和过程受所在行星的磁场的支配。一般说来，磁层的外边界只在向日方向是清晰的，而在背日方向则模糊不清。在向日方向，可以回到行星表面的磁力线与不能回到行星表面的磁力线之间存在着截然的界线，太阳风流动的动压与行星磁场的磁压相等处就是界面。在背日方向行星磁力线与太阳风场连在一起，没有明确界面。现已发现水星、地球和木星有磁层，水星的磁层很像地球的磁层，不过规模较小。木星有更强的、结构更复杂的磁层，同地球磁层差别较大。20世纪末，经过约20年火星探测的“沉寂期”后，“火星全球普查者”（mars global surveyor，MGS）和“火星快车”对火星的空间环境进行了探测。2006 年 ESA 发射的“金星快车”（venus express，VEX），为金星的空间环境研究提供了大量的新数据。在最近掀起的新一轮的月球探测国际热潮中，美国、日本、中国的探月卫星为研究太阳风与月球的相互作用提供了观测基础。目前国际上行星空间物理的前沿科学问题包括：太阳风与磁化行星的相互作用，太阳风与非磁化行星的相互作用，以及比较行星学的研究。

未来 10 年，我国行星空间物理主要利用我国的嫦娥工程和“萤火一号”火星探测计划开展太阳风与火星、月球的相互作用研究。

三、行星与太阳系探测

当前，行星与太阳系探测是在地球应用卫星、载人航天与空间站取得重大成就的基础上，向更广阔的太阳系空间进军的探索。主要包括三个方面内容，即月球探测、火星探测、小行星与彗星的探测。

根据我国的综合国力、科学技术水平和航天技术的发展状况，在未来 10 年内，我国开展行星与太阳系探测的主要方向有七个。

1）近期应以月球探测为主导，以取得突破性进展。月球距离地球最近，目前已知的信息最多，蕴藏丰富的可开发资源，因此无论是从航天技术角度还是从科学探测角度都是最适宜的行星与太阳系探测首选目标。根据我国月球探测发展规划，将在 2020 年前实现“绕月飞行、软着陆探测、取样返回”的目标。建立月球基地，开展空间天文、空间物理探测，以及开展对地观测以研究地球的全球变化。

2）积极开展火星科学探测。火星的化学组成与地球接近，火星具有含有 H、O 元素的大气，近年来在火星两极发现有水冰存在。根据空间探测和陨石学研究的成果推断，火星是太阳系天体中最有可能曾经存在生命的地方。而地外生命的探索是行星与太阳系探测最为主要的原动力之一，因此我国应在充分研究国外探测经验教训的基础上，论证火星探测的科学目标、实施途径和关键技术，制定火星探测的发展规划，启动概念性研究和可行性论证，适时发射火星探测器。

3）开展小行星与彗星科学探测。小行星和彗星代表太阳系中经历很低程度的化学和物理变化的原始物质，研究小行星和彗星可以了解太阳系形成最初 10 亿年的演化历史，而且由于小行星存在撞击地球的潜在威胁。探测小行星和彗星不仅在科学研究上具有重大的意义，而且具有很深刻的长远意义。

4）积极开展科学探测与技术试验结合的行星与太阳系探测任务。各主要航天大国的很多最新航天技术都是在行星与太阳系探测器上验证的，这种任务形式较好地结合了深空科学探测和航天技术试验验证两方面的需求。它既能为科学界贡献新的探测成果，也能充分验证航天新技术的应用可行性。它的多重优点已经成为很多国家开展新型行星与太阳系探测的重要方式。

5）逐步攻克行星与太阳系探测的各项共性关键技术。行星与太阳系探测的探测目标非常丰富，探测方式有飞越、着陆、巡视、采样和载人探测等。探测手段可以使用各种遥感仪器、就位分析仪器等。行星与太阳系探测目标、探测方式和探测手段的多样性，决定了行星与太阳系探测技术途径和关键技术将随着探测目标、探测手段和探测方式的不同而有所不同。每种情况都会对探测器的轨道设计、导航控制、综合电子、热控、结构机构、能源、测控通信、有效载荷等技术有一些特殊需求。但是，行星与太阳系探测在技术途径上还具有非常广泛的共性关键技术。美国等先进航天国家，通过开展一些典型的行星与太阳系探测活动，逐步攻克了各项行星与太阳系探测共性关键技术，已经掌握了比较全面的行星与太阳系探测实施方案设计和研制能力。我国也需要通过开展一些典型行星与太阳系探测活动，逐步攻克各项行星与太阳系探测共性关键技术。

6）开展比较行星学的研究。地球是太阳系的一员，把地球置身于太阳系的时空尺度里，作为一个整体进行研究，可以加深对地球和太阳系其他星球的认识，把握行星的演化规律，比较行星学是天文学、地球科学、空间科学和空间探测交叉渗透的新兴学科，随着行星和太阳系探测的快速发展，比较行星学开始成为国际空间科学的重要发展方向之一，深化人类对太阳系各行星形成与演化共性与特性的认识，而且将地球置于更大的时空尺度内研究，把握地球整体的形成与演化历史，将有力推动和深化地球科学的发展。比较行星学的主要研究内容包括对比研究太阳系各类天体（重点为类地行星）的物质组成、大气层成分与结构、空间与表面环境、地貌与地质构造、内部结构与物理场等共性与特性，综合分析研究地球、各行星和整个太阳系的形成演化特点与规律（欧阳自远，2006）。

7）积极推动行星与太阳系探测领域的国际合作。我国的综合国力和航天技术尚未达到足够的水平，因此对太阳系天体的探测可适当参与国际合作项目，进行搭载试验，通过合作学习先进技术，积累经验。

四、微重力科学

微重力科学主要包括微重力流体物理、微重力燃烧学、空间材料科学、空间生物技术和空间基础物理五个方面。除空间基础物理的相对论和引力物理实验需要专门的实验卫星外，其他的各项微重力实验将主要在空间站、卫星等微重力平台上完成（Seibert et al.，2001）。国际空间站上，美国、日本，以及欧洲等国家和地区已安排了一批微重力科学的实验（Evans et al.，2009）。我国微重力科学未来5～10年的发展布局自然须对国际态势做出积极应对，并充分发挥我国在该领域的优势，进一步提高我国微重力科学的水平、地位与影响力。

（一）微重力流体物理

微重力流体物理除研究各种流体的平衡和运动外，还与微重力科学其他领域密切关联。在国际空间站上安装有NASA的流体物理双柜和ESA、JAXA和俄罗斯空间局（RSA）的流体柜。近期研究内容（2009～2012年）包括NASA的毛细作用实验（不同形状容器、液体介质、浸润性、流体管理）、沸腾传热（气泡行为、传热规律）、沸腾两相流动、地球物理流体力学等，ESA的流体的梯度涨落、Soret系数测量、近临界和超临界流体、具有质量交换的界面过程、蒸发和冷凝过程、复杂等离子体、颗粒材料行为，JAXA的浮区热毛细对流、冰的结晶过程等。此外，胶体和乳剂聚集和稳定性、泡沫稳定性、颗粒材料行为（凝聚态物理、力学稳定性）、液层、液滴、流体的热管理等，也是研究的热点内容。

未来5～10年，我国微重力流体物理研究的重点方向如下：热毛细对流和Marangoni对流的基本流动特征及运动的不稳定性，扩散输运过程和扩散系数测量，流体界面现象及其多尺度模型，运动液体与固、气交界面接触动力学，液体射流的形态和稳定性及液体薄膜的破裂，自由面曲率奇异性问题，气液两相流和相变传热现象中的相分布特征及先进表征方法，气泡（液滴）动力学及其与传热性能间的联系，蒸发/凝结两相系统的稳定性特征，电化学反应两相流动现象，分散体系聚集过程，胶体（包括胶体晶体、液晶等）相变，泡沫动力学和泡沫材料，电、磁流体的流变行为，颗粒物质动力学，乳状液体系的分层与稳定性，微重力环境对人体血液循环系统特性与骨骼生长过程的影响等。需要积极开展数值模拟研究及落塔的微重力实验，发展先进的微重力实验诊断技术，凝练空间实验项目。

（二）微重力燃烧

微重力燃烧主要研究微重力环境中燃烧过程的基本规律、重力对燃烧过程的影响、低重力环境中燃烧过程的特点，以及载人航天器安全防火工程中的燃烧基础理论问题，为我国载人航天计划的顺利、可靠的实施服务，并为研发新一代高效、低污染燃烧装置提供理论基础和技术途径。

在地面正常重力环境中，由燃烧过程引发的浮力对流非常强烈，这就显著地影响环境中的温度场、密度场、速度场及反应物的浓度场，影响了在燃烧过程中起着重要作用的质量、热量和动量的传递过程，以及这些过程中的特征时间尺度和特征空间尺度，从而影响燃烧过程中的一些基本环节及燃烧过程本身。微重力环境中，由燃烧过程引发的强烈的浮力对流对与燃烧过程密切相关的质量、热量、动量传递过程和化学反应动力学过程等的影响基本消失，燃烧过程的特征时间尺度和特征空间尺度都增大。因而，应充分利用微重力环境提供的这些独特有利条件，更深入细致的研究燃烧过程中各基本环节的基本规律及各相关参数的相互影响，从而进一步丰富、完善和发展燃烧基础理论。

未来 10 年，我国微重力燃烧学科的重点研究方向包括载人航天器安全防火工程中急需的基础理论课题（如微重力环境中非金属材料的可燃与点燃特性，微重力环境中“潜在”火源转化为“真正”火源的机理，载人航天器中新型着火监测、早期报警和灭火技术的物理原理，重力对燃烧过程的影响，低重力环境中燃烧过程的特点）和我国在节能减排领域内亟待解决的燃烧基础理论课题（如湍流燃烧过程的内在机理，催化燃烧，颗粒与颗粒群燃烧及污染排放物生成特性，预混与扩散火焰结构和传播机理，燃烧不稳定性与可燃极限）。

（三）空间材料科学

国外的空间材料科学研究以国际空间站上参与国的实验为主，在欧洲和日本的压力舱中都有专门的材料科学实验专柜。2009 年 8 月，日本耗资 14.5 亿英镑在外太空建造了一个名为“希望”的浮动实验室，将开展包括材料科学实验在内的多项空间科学实验。2008 年 2 月，ESA 的“哥伦布”实验舱被成功安置到国际空间站上，实验舱装备有包括材料科学实验设备在内的多种实验设备。ESA 2004 年启动的 IMPRESS 计划中，以具有重要工业应用价值的金属间化合物为研究对象，在国际空间站上进行高温金属间合金样品的凝固实验、电磁悬浮无容器或无接触方式测量热物性参数、纳米颗粒的形成与聚集实验等。目前，相关的一些试验已经在抛物线飞机和探空火箭上开展。美国一直在国际空间站上进行胶体晶体的结晶过程及缺陷形成、沸石晶体生长等的研究和制备研究工作，国际空间站俄罗斯舱段上也在进行着包括多孔高温热阻材料、沸石晶体生长、金属-有机多孔材料的合成、ZSM-5 和硅质岩的聚集机理、尘埃等离子的结晶等许多项研究。

国际上有许多关注的课题，诸如晶体生长形态演化，晶体生长和凝固过程中的界面稳定性与破缺动力学，缺陷的控制（平界面、胞晶和枝晶生长与生长速率稳定性，晶体生长和凝固过程的缺陷控制），过冷熔体的性质、形核与生长过程（合金熔体的过冷度与过冷熔体的稳定性、相选择），相分离与聚集行为[熔体中的相（内生液相的）分离与聚集或粗化动力学等]，纳米材料制备与组装[复合纳米颗粒自组装和结晶机理（生长形态、缺陷形成、相变）]，熔体物理性质测量与研究（原子扩散系数，表面张力与黏度），计算材料科学，空间实验方法和技术发展（材料制备装置和测量技术）等。

未来10年，我国空间材料科学研究的重点方向包括晶体生长界面本征非稳态效应形成机理，单晶合金生长过程中的缺陷形成机理及其控制，过冷熔体的性质与非平衡相变，相分离与聚集行为，材料制备过程的物理化学与新方法，以及熔体物理性质测量与研究等。

（四）空间生物技术

空间生物技术具有很强的商业背景，相关的理论和应用研究受到高度重视。空间细胞培养技术起源于1978年NASA提出的空间制药计划，而组织工程与再生医学的兴起为空间细胞/组织技术（包括模式化组织和工程化组织的三维培养）提供了新的发展契机。空间蛋白质晶体生长技术是早期空间生物技术的研究重点之一，迄今为止获得了200余种空间蛋白质晶体，利用空间微重力环境开展地面难以结晶的蛋白质（如膜蛋白、糖蛋白等）晶体生长的研究是国内外目前关注的焦点。空间生物分离技术的基本思路是高纯度生物样品的获取可不依赖于重力作用，而是通过生物样品其他物理性质差异（如等电点）进行分离获得。

2003年美国国家研究委员会提出的空间生物技术新领域为生物分子的化学与物理和细胞的生物物理与化学。相应地，NASA提出的研究重点是微重力下生物系统的物理化学输运过程，先进生命支撑系统，微流控、微模式化技术的应用。ESA研究重点是宇航员系统生理学、微重力与空间辐射的基础生物学、微重力环境的生物技术应用。

未来10年内，我国空间生物技术研究的重点方向包括空间三维细胞（组织）生长过程中的流体输运与物质代谢，相应细胞（组织）生长规律及其生物学功能，空间蛋白质晶体生长规律和生物大分子组装的物理与化学过程，空间生物技术的模型化研究等。

（五）空间基础物理

空间基础物理实验研究物质的基本运动规律，检验现代基本物理理论。这一课题是国际上长期以来的重要科学研究方向，为的是实现地面实验技术所不能达到的更高精度，以便在高的精度上对基本物理理论的基本假设及理论预言进行更精密的检验，特别是试图获得重大的科学发现——寻找超越现代物理理论的新效应或新的基本相互作用力。这类空间实验具有重大的科学意义。空间基础物理实验需要高、新技术提供超高精度的精密测量。因而，开展这类研究也将促进高新技术和精密测量技术的飞速发展。

我国未来10年的重点研究方向包括狭义相对论运动时钟变慢和广义相对论引力红移动的实验检验，等效原理的实验检验，玻色-爱因斯坦凝聚（BEC）以及超低温冷原子物理研究，空间高精度的原子钟和冷原子干涉，低温与凝聚态物理研究。

五、空间大地测量

随着GNSS、卫星测高系统、卫星重力测量系统、InSAR系统、VLBI系统及SLR系统等空间技术在现代大地测量研究领域的广泛应用，目前已经形成了以卫星大地测量为主导的现代空间大地测量学。多种空间技术手段应用显著提高了现代大地测量监测能力。目前，空间大地测量学主要包括五个方面的内容。

（一）空间大地测量探测技术

1. GNSS研究与应用

近20年来，GNSS对空间大地测量学各个领域的发展产生了重大的影响，如测量基准确定、地球重力场理论研究与大地水准面精化、地壳运动监测与大地测量地球动力学等。GNSS在大地测量领域的广泛应用，极大地推动了空间大地测量学研究，拓展了空间大地测量技术服务领域。

1）提升了空间大地测量的导航、定位、定轨水平。GNSS测量速度快，不受天气限制，能为飞机、船舶等各种运动载体提供导航和实时定位信息，特别是为空间飞行器精密测轨、空间站交会对接精密定位提供了重要技术保障。

2）提高了地球重力场及大地水准面精度。基于GNSS的精密定位定轨技术，发展了重力卫星技术，精化了地球重力场和大地水准面。

3）建立了世界坐标基准框架。传统大地测量边长仅几十千米，各个国家和地区只能建立局部大地基准。通过GNSS的联测，可将局部大地坐标系归算为全球大地坐标系。

4）拓宽了空间大地测量学的地学应用领域。GNSS测程远、精度高，能监测年变化率为厘米级甚至毫米级的地壳形变、海平面变化、地球板块运动等地球动力学现象，为环境保护、防灾救援等提供信息。

随着美国GPS现代化、俄罗斯GLONASS的完善及欧盟GALILEO与我国一代卫星导航系统的即将建成，多星座、多频率、多模式GNSS卫星大地测量时代已经来到。以GNSS卫星大地测量为主导的空间大地测量学迎来了崭新的发展契机。作为现今空间大地测量学主要技术手段——GNSS，正实现多频多模化和基于星间链路技术的自主导航定轨并拓展更加广泛的应用领域。随着GNSS技术的现代化及多GNSS系统的建设成功，多频多模的GNSS卫星大地测量学研究及其在地球科学中的应用已成为空间大地测量领域主要发展方向之一。

2. 卫星测高理论及其应用研究

海洋卫星雷达测高及冰面卫星激光测高技术的应用研究已取得丰富的研究成果（ESA and CNES，2006），主要包括如下内容：确定全球海平面变化趋势，观测到厄尔尼诺期间大尺度海面高异常的响应，为研究海洋-大气互相作用和全球气候变化提供了新的重要信息；利用测高平均海面和重力场模型得到的大洋平均环流修正了海洋学大洋环流图；用测高数据建立了多系列更精密的海潮模型；利用返回雷达脉冲的传播时间、波形和振幅分别提供了海面地形和海况（波浪场和风场）的信息和估计。随着卫星测高技术的日益成熟和多重测高卫星系统的进一步完善，将联合多种其他卫星遥感技术和海面现场观测网络组成一个长期运行的立体海洋监测体系，其应用研究将会不断加深和扩展，并成为今后研究全球变化，迎接环境、资源和灾害问题挑战的一个非常重要的技术手段。围绕研究全球变化这一主题，为进一步深化和扩展现有研究成果，今后将特别注重在利用卫星测高数据建立描述各种尺度全球变化事件模型的研究中和其他多种海洋观测数据同化的理论和方法，21世纪提出的国际计划GODAE（Global Ocean Data Assimilation Experiment）正是反映这一研究方向，其他还有美国和欧洲最近提出的多个需要卫星测高数据支持的大型研究计划。卫星测高的应用和相关理论的研究涉及地球科学、数理科学等众多学科，多学科的交叉合作研究将是大的发展方向。

3. 卫星重力理论及其应用研究

自GRACE重力卫星成功发射以来，已在对地观测技术及地学相关研究中取得了丰硕的成果，其中既包括发现南极、格陵兰冰盖近年来正在迅速融化，苏门答腊地震的同震重力变化等重大科学成果，也包括大量的揭示地表系统质量迁移及各地球圈层质量交换规律等重要科学研究成果。目前NASA正在着手计划将GRACE模式的重力卫星发往火星，以便测定重力场、大地水准面等火星物理形状的时空变化。为了迎头赶上国际空间大地测量的发展潮流，我国急需建设自主的重力卫星系统，其主要目标是：①发展我国相关领域自主、高精度的卫星观测技术，包括关键技术设备和应用技术，如星载 GPS、加速度计、星间测距以及卫星数据处理、精密定轨、重力场恢复及应用需求等方面；②由于 GRACE 重力卫星并没有达到预期的设计要求，目前 500 千米的空间分辨率无法与现今气候模式的分辨率相匹配（100～300 千米），极大地限制了卫星重力在全球变化研究领域中的作用，所以发展下一代具有更高空间分辨率、更高观测精度的重力卫星是空间大地测量发展的当务之急。另外，美欧的 GRACE 卫星将在 2011 年结束在轨运行，为了满足长期的科学应用需求，需要发展新一代的重力卫星系统。

4. InSAR 理论研究与应用

InSAR 技术通过利用雷达回波信号的相位信息来提取地表三维信息，通过差分干涉合成孔径雷达技术可以测量地壳垂直形变精度到毫米级，而 PS-InSAR 技术的提出更是大幅度提升了 InSAR 技术在地壳形变测量中的应用空间。InSAR 可以监测震前、同震，以及震后连续和动态的地壳形变信息，为“定量地震预报研究”提供了条件，同时可以进行火山、冰川、滑坡等地壳形变场测量。基于 InSAR 技术的重复观测很容易监测每月几厘米的火山运动形变量，无论在热带雨林的夏威夷 Kilauea 火山，还是在极地冰雪地带的阿拉斯加 Katmai 地区，合成孔径雷达（SAR）图像均能保持令人满意的相干性。

然而，InSAR 技术应用于形变监测也存在一定的问题。一般而言，为了更好地确定地壳形变的特征，需要有三个方向的观测数据，但 InSAR 技术一般只提供一维视线向的观测值。传统 C/L 波段影像模式（IM）下的图像覆盖范围为 100 千米左右，其空间分辨率在 5～20 米的量级，主要应用于地震形变、冰川研究、火山形变等。随着宽幅模式（WS）下 InSAR 数据处理技术的成熟，可以用来监测宽 400 千米、分辨率 100 米左右的大尺度大规模形变，如区域地壳运动等。并且随着新型 SAR 传感器的升空，如 TerraSAR-X 和 COSMO-SkyMed 这两个 X 波段的 SAR 系统，使得以 1 米分辨率来监测幅宽为 10 千米的形变成为可能，如地表沉降、开采沉降和滑坡监测等。另外，随着在轨传感器的增加，这些新传感器运行在不同波段（C/X/L 波段），并且大部分具有可变的观测视角，使得将来可以获取地表形变的三维观测值。雷达波在传播过程中需要经过大气层，因此产生了比较大的大气误差，采用传统的 InSAR 处理技术无法单独消除这类误差的影响。现在发展起来的 InSAR 时间序列技术，如永久散射体技术（PS）和短基线集法（SBAS），通过对多次 SAR 成像进行组合分析，削弱 InSAR 结果中的各类误差，将 InSAR 成果的精度从传统的厘米级向毫米级发展。此外，还可以通过引入 GPS 水汽数据，MODIS/ MERIS 水汽数据及数值天气预报数据来改正 InSAR 中的大气误差。多尺度、多工作模式和高精度的 InSAR 监测，单波段、单极化、单视角和单工作模式向多波段、多极化、多视角和多工作模式发展，为提高 InSAR 成果的精度而进行精细的 InSAR 测量误差影响的处理等，均是该领域重要的发展方向。

（二）地球重力场及大地水准面精化

1. 地球重力场精确求定

地球重力场表征了地球的基本物理特征，其精细结构刻画了地球重力场的时空变化规律，反映了地球系统的物质分布、物质迁移（包括冰雪消融、水源变迁、永久形变、地幔对流、物质沉浮等）、能量交换（包括自转速率变化、热能生成、热辐射及吸收、地震等）和动力学过程。精细的地球重力场模型不仅为大地测量学、地球物理学、海洋学、地球动力学等相关学科的发展提供迫切需要的基础性信息，而且在国家军事、国防及经济建设中发挥重要作用。

基于 CHAMP 和 GRACE 卫星观测数据，国内外大地测量学研究机构或学者相继建立了 EIGEN、GGM、TUM 及 ITG 等多个系列的重力场模型，其中以德国地球科学中心研制的 EIGEN 系列（EIGEN- CG01S/C、EIGEN-CG03S/C、EIGEN-CG05S/C）和美国得克萨斯大学空间研究中心（CSR）研制的 GGM 系列（GGM01S/C、GGM02S/C）最具有代表性。TUM 系列（如 TUM-1S）和 ITG 系列（如 ITG- CHAMP01S、ITG-grace01 等，IIk et al.，2004）则分别由德国慕尼黑工业大学空间物理大地测量研究所和德国波恩大学理论大地测量研究所研制。我国部分学者（机构）也研制了相关的重力场模型。随着重力卫星观测资料的积累以及重力场反演技术方法的发展，总体上，静态重力场模型的精度、空间分辨率不断提高。

静态重力场模型不断发展的同时，GFZ、CSR、JPL（美国喷气实验室）等机构也发布了月平均高达 120 阶次的 GRACE 重力场模型时间序列。与静态地球重力场相比，地球重力场的时变量很小，却包含着重要的地球物理信息，它揭示了地球系统的物质运动及运移，反映了大气、陆地水、海洋及固体地球之间的相互作用。

2. 大地水准面精化

大地水准面是最接近平均海水面的重力等位面，是定义正高高程系统的高程基准面，又是一个能反映地球内部结构和密度分布特征的物理面。随着大地测量学科的发展，确定大地水准面的研究已经开展了一个多世纪，特别是近半个世纪以来，随着卫星大地测量和相关地学学科的发展，这一领域的研究日趋活跃，确定一个高分辨率高精度的全球大地水准面已成为21世纪大地测量学科全局性的战略目标。早在20世纪末，国际大地测量协会（IAG）就提出了明确的目标：要在21世纪建立厘米级精度的全球大地水准面。这一目标的实现将带动大地测量学科发展到一个新的阶段。

随着CHAMP、GRACE、GOCE等重力卫星技术的发展，使得精确确定地球外部重力场模型及相应的大地水准面成为可能。根据理论分析及多种模拟实验结果，GOCE卫星系统可以提供分辨率为1°×1°的、精度为mGal级甚至更优的全球重力场模型（相应的高程精度为厘米级）。确定厘米级全球大地水准面和相应的地球重力场模型将是21世纪大地测量学科整体发展到一个新水平的重要标志。

与大地测量学相关的诸多地学学科，特别是地球物理学（包括大地构造学和地球动力学）、海洋学（主要是动力海洋学）等，均需要高精度的全球大地水准面。有了高精度的大地水准面，可利用GPS技术测定海拔高，可大幅度提高工作效率。卫星测高技术可提供厘米级平均海面，有了厘米级精度的大地水准面，即可确定厘米级的海面地形（平均海面相对于大地水准面的起伏），后者是研究全球洋流模型（包括洋流系统的位置和幅度等）的重要信息源，这正是GOCE卫星计划的主要科学目标。此外，高精度的全球大地水准面模型的建立将实现全球高程基准的统一。未来大地测量学科的主要发展方向是不断加深和扩展与相关地学学科的交叉研究，并将集中于研究地球深部构造、监测全球环境变化。大地测量参与研究的主要手段是精密定位、地球动力学现象监测，特别是提供精密的地球重力场模型（包括全球大地水准面模型）及重力场参数的变化，据此反演解释地球深部构造和地球动力学过程、地球形变及各种异常地球动力学现象。因此，确定高精度的地球重力场和大地水准面也将是大地测量学科与相关地学学科交叉研究水平提高的重要标志。

（三）全球环境变化的空间大地测量监测

空间大地测量探测技术的迅速发展及其全天候、高精度、大范围的观测优势，为探测研究全球环境变化提供了独特的、不可替代的手段。为研究与地球各圈层运动及相互作用有关的地球系统物质分布、循环和能量交换提供了广阔的应用前景。

1. 基于卫星测高、卫星重力及GPS等空间技术的全球环境变化研究

（1）卫星测高在全球环境变化研究中的应用

几十年来，卫星雷达测高的应用研究已取得丰富的研究成果（ESA and

CNES，2006），主要包括：确定全球海平面变化趋势，观测到厄尔尼诺期间大尺度海面高异常的响应，为研究海洋—大气之间的相互作用和全球气候变化提供了新的重要信息；利用测高平均海面和重力场模型得到的大洋平均环流修正了海洋学大洋环流图，还可反演得到重要的海底地形信息；基于测高数据建立了多系列更精密的海潮模型；利用返回雷达脉冲的传播时间、波形和振幅分别提供了海面地形和海况（波浪场和风场）的信息和估计。近几年来发展的激光测高卫星 ICESat，提供了冰原表面高程空间分布及其时间变化观测资料，并覆盖目前难以到达的两极地区。2010 年初发射的 CryoSat-2 激光测高卫星将更好地实现这一目的。激光测高卫星为了解陆地冰原和海冰变化提供新的手段。随着卫星测高技术的日益成熟和多重测高卫星系统的进一步完善，将联合多种其他卫星遥感技术和海面现场观测网络组成一个长期运行的立体海洋监测体系，其应用研究将会不断加深和扩展，并成为今后研究全球变化，迎接环境、资源和灾害问题挑战的一个非常重要的技术手段。围绕研究全球环境变化这一主题，为进一步深化和扩展现有研究成果，今后将在利用卫星测高数据建立描述各种尺度全球变化事件模型的研究中，特别注重和其他多种海洋观测数据同化的理论和方法。21 世纪初提出的国际计划 GODAE（Global Ocean Data Assimilation Experiment）正是反映这一研究方向。最近，美国和欧洲提出的多个大型研究计划也需要卫星测高数据的支持。卫星测高探测理论和应用研究涉及地球科学、数理科学等众多学科，多学科的交叉合作研究将是大的发展方向。

（2）卫星重力在全球环境变化研究中的应用

地球各系统间的质量迁移和重新分布都会引起重力场的变化。在季节或年际时间尺度上，系统间质量迁移主要反映地球表层大气、海洋、陆地水各系统间的水质量交换。因此，如果能对地球重力场随时间的变化进行精确地观测，那么我们就可以反演各系统间水质量交换和运移的情况。卫星重力计划的任务就是高精度地探测地球重力场，进而反演地球系统质量的分布。2002 年 3 月成功发射的 GRACE 重力卫星是至今全球重力场观测时间分辨率最高的重力卫星，据其观测资料解算的重力场低阶球谐系数具有较高的精度。初步研究表明所解算的 GRACE 月平均重力场 10～40 阶的球谐系数精度较以前公认的精度最高的重力场模型 EGM96 高两个数量级，也就是说，GRACE 卫星使大地水准面中长波部分的测定精度提高约 2～3 个量级。在季节性时间尺度上，GRACE 重力场的精度足以揭示几百千米空间尺度内平均小于 1 厘米高的地表水变化或小于 1 毫巴的海底压强变化。这显示现代空间重力测量技术在探测地球表层质量运移、水循环和气候变化等方面上具有巨大的应用潜力。现有的 GRACE 重力卫星观测资料的研究已充分显示：全球变暖导致地球南极、格陵兰、阿拉斯加、青藏高原、天山区域的冰雪正在消融；地下水超采导致中国华北区域、印度北部区域水储量正在迅速减少；海水总量增加导致全球平均海平面上升以及末次冰期冰川融化导致固体地球黏弹性隆升；大地震引起地壳形变等与全球环境变化密切相关的地球动力学现象。这些现象的精密测定需要更高精度和更高分辨率的重力观测，然而由于重力卫星轨道误差以及大气、海洋信号的混频影响，GRACE 重力卫星观测的空间分辨率和精度还无法满足全球变化研究的需求。因此，为了提高全球地表物质迁移反演的空间分辨率和精度，进一步发展地球重力场局部反演理论方法及重力信息分离和去混频理论方法是今后卫星重力应用研究的重要方向。

（3）GPS、SLR、DORIS 在全球环境变化研究中的应用

GPS、SLR 和 DORIS 技术还可以很好地应用在地心变化和地球自转变化的研究上，在理论上可以给出更统一的参考框架。目前，地球质心的变化在确定参考框架以及全球地表流体的质量再分布方面具有重要的意义。缺少地球质心变化则会给最后的全球质量重新分布等带来一定的误差。地球质心变化的确定可以从两个方面入手，一是空间技术手段，包括 GPS、SLR 和 DORIS 等空间大地测量技术。应用这些空间大地测量技术，可以通过解释其坐标位置或是卫星的轨道摄动来最终解算地球质心变化。目前，通过这些大地测量技术，地球质心的确定精度可以到几毫米的量级。二是通过地表流体的模式数据来计算地球质心的变化。利用地表流体来计算地球质心变化，首先需要我们所用到的地表流体模式比较准确。而地表流体模式的好坏，可以通过与空间技术得到的结果相比较来确认。这样，确定地球质心变化的两种方法是相辅相成的，二者可以互相补充，互相检验，缺一不可。在地球自转研究方面，目前日长变化的观测精度为每天 25 微秒，这是空间大地测量观测的结果。空间大地测量的观测结果可与地表流体模式结果进行比较，从而可以约束地表流体模式。例如，我们可以通过 SLR 解算的二阶带谐项系数来约束全球地表流体质量变化在地球重力场长波长的结果，从而可以选择适合的地表流体模式。在此基础上，从观测的日长变化中扣除地表质量变化引起的地球自转变化，可以作为新的约束手段，约束地表流体的速度场。这些空间大地测量手段对地表流体模式的约束，可以作为模式修正的依据，可以更好地为全球地表流体模式的改进提供可靠信息。此外，这些空间大地测量手段还可以提供非常丰富的地表形变信息。地表形变可以由地表流体变化引起，也可以是其他的地球动力学原因，如板块运动等引起，因此，这些空间大地测量技术手段可以结合地表重力等观测手段，对地球动力学问题进行更加深入的研究。例如，青藏高原的隆升原理的探讨，就可以利用多种空间大地测量手段结合地震观测和地震模型理论等来进行深入探讨。这使得我们在研究地球动力学等方面，又有了很好的工具，可以进行更加深入、细致的研究，给出更好的理论和实验模型。

2. 空间电离层和近地空间重力环境

(1) GNSS地球电离层影响监测与处理

电离层位于大气圈中部，是多种物理过程的交汇区域，掌握其形态与变化规律对研究全球诸多物理过程具有重要作用。作为日地空间环境的重要组成部分，电离层对现代无线电工程系统和人类的空间活动有着重要影响，电离层延迟影响已经成为制约所有卫星导航系统进一步实施高精度推广应用的主要因素之一。随着以人造卫星为标志的空间科学和技术特别是以GPS为代表的GNSS技术的发展，卫星导航和卫星探测技术为电离层研究提供了重要手段。基于GNSS卫星观测资料的电离层反演研究对现代大地测量技术服务领域拓展、大地测量学与空间物理/天气等相关学科交叉研究与发展产生了积极的推动作用（袁运斌，2002）。目前采用GNSS卫星观测资料研究电离层主要集中在两个方面，一是基于地基GNSS的电离层TEC反演；二是综合利用地基、空基观测资料的三维电离层结构反演。近20多年来，基于GNSS的局部/区域/全球多尺度电离层TEC精确求定及形态变化特性与电离层电子密度结构反演理论与方法等研究取得了很大的发展。随着日臻稠密的地基GNSS观测站与空基掩星观测资料的不断丰富，可望进一步改善和提高电离层TEC求定及电子密度结构反演的精度、分辨率和可靠性，实现（准）实时监测多尺度电离层TEC/电子密度时变信息，满足日益提高的GNSS导航定位/定轨的精度与性能的需求。尤其是在高精度GNSS测量与应用领域，有效控制、修正甚至消除更精细的地球空间电离层天气效应，是实现优于厘米级绝对定位、毫米级相对定位高精度测量目标的最关键技术难题之一。通过准确掌握精细电离层天气影响特征，研究和建立特定的区域和全球范围内精细电离层天气效应对精密定位结果影响的定性定量模型和方法，将进一步提高GNSS精密导航定位定轨精度与性能。

(2) 近地空间环境的地球重力场分布探测与变化监测

地球近地空间的重力场是近地空间飞行器绕地球飞行的主要约束力，又由于地球的质量分布具有非均衡性，导致近地空间的重力场分布不均匀，引起近地空间飞行器的飞行轨道的摄动。随着距离地球表面的高度增加，引力也在不断衰减。另外，地球内部质量的迁移也会引起近地空间重力场的微小变化。探测近地空间的重力分布和监测其变化，对近地空间飞行器的定轨、微重力环境等相关科学研究及应用具有重要意义。

3. 地球自转与环境变化

地球的自转状态变化（包括极移和日长变化）与大气、海洋环流的变化密切相关，通过角动量交换，固体地球的自转状态变化将导致大气、海洋环流变化。海洋在几乎所有的气候变化中起重要作用，特别是热带海洋，它是全球大气运动的主要能源区，热带地区的海气相互作用表现得最强烈，其变化对于大气环流和气候的年季变化具有突出贡献。而大气环流则主要影响了地球上各地的气候，使各地的旱涝分布有一定的规律，从而形成有当地特色的农作物、水利设施和建筑特点。例如，气流常下沉的高压区多晴好天气，而气流常上升的低压区多阴雨天气，甚至暴雨。因此，一旦大气环流出现异常，将使地球上气压和气流分布紊乱，从而引起严重的气象灾害。这些气候的变化直接影响到地球自转的变化。例如，地球自转速率的年际变化与 El Nino 和 La Nina 等重大自然灾害密切相关。El Nino 和 La Nina 可以引起全球不同地区出现洪涝或干旱，导致对中西太平洋渔场大量减产（因某些鱼类大量死亡），引发频繁森林火灾，造成巨大的经济损失和环境破坏。因此，地球自转与环境变化可以互相印证，二者直接联系非常紧密。此外，全球大地震也会造成地球自转的变化，如 2004 年的 Sumatra 地震，就造成了地球自转的明显变化。因此，地球自转研究与对应的自然环境变化、自然灾害（El Nino 和 La Nina，大地震等）关系密切，其中还有许多研究领域需要进一步深入研究。

地球自转及其变化反映了地球内部圈层结构（如弹滞性地幔、液态外核与固态内核及其扁率等）和动力学状态（如地幔对流、外核流、内核晃动与超速旋转等）以及各圈层之间的耦合关系（如压力耦合、引力耦合和电磁耦合等）等。地幔、外核与内核的扁率、弹滞性，以及地球内部的引力、压力分布等主要由地球模型（如 1066A、PREM 及相关修改模型）提供。地幔对流、外核流、内核晃动与超速旋转等动力学过程将导致地球系统物质迁移、相对角动量变化，从而引起地球自转变化。反之，地球自转观测又可对地球内部动力学机制提供约束，特别是可以精化现有的地球模型。利用章动模型研究（结合 VLBI 观测数据）给出了更精确地球内外核的扁率，以及地球各圈层的柔变参数、地幔和内外核之间的电磁耦合系数等，修正了“PREM＋流体静力平衡”的地球模型；给出了地幔、外核内核之间的相对运动状态。因此，地球自转研究有助于精化地球模型和深入理解地球深部过程。

（四）地震大地测量

随着空间技术的发展，空间大地测量观测技术已成为监测地震和地壳形变的主力军，与之相应的地震大地测量学也应运而生，应用空间大地测量观测技术开展地震地壳形变监测、地震机理及防震减灾的研究则是地震大地测量学的核心任务，而观测数据的精密处理技术、大地测量地球物理联合反演以及数值模拟分析技术则是研究的关键。

最近几年空间大地测量的新技术及其观测数据在地震研究领域取得了显著成果，已经成为地球动力学和地震学研究新的学科增长点。

GPS已成为监测地震与地壳形变的主要手段之一。目前，特别关注的是基于高频GPS技术的地震监测与研究。传统上，地震的研究主要依靠地震波资料进行研究，然而地震仪器监测近震或强震容易出现振幅饱和等现象，使得观测资料出现缺失。高频GPS手段则从根本上克服了这一现象，弥补了地震波资料的缺陷。同时，由于GPS本身固有的特性，使其可以较精确地获得地表长周期运动的信号，因此，高频GPS技术的出现，大大增加了地面运动观测的动态范围和频率宽度。基于这一技术特点，利用强地震动、远震数据、GPS静态位移以及高频GPS观测资料可以大大增强对于地震本身特征和其滑动过程的研究。另外，高频GPS台站不仅能够提供近场地震震动信息，而且在较远距离上也能提供有用的信息。观测发现，密集的高频GPS台网（1赫兹）能够检测震中距远达3900千米地震断层激发的远震面波，且其相关水平位移、持续时间与近场宽频地震仪的综合速度记录相一致。

因此，高频GPS在未来的地震学研究中将会起到越来越重要的作用。高频率、实时GPS能够提高地震检测能力。通过配置地震和GPS传感器，综合实时地震数据和超高频率GPS（20～50赫兹）网数据，将可以更好地量化断层滑移和确定地震参数，进而提高地震的早期预警。日本国家地理院（GSI）从20世纪90年代初开始，就着手布设地壳应变监测网，并逐步将其发展成日本GPS连续应变监测系统（COSMOS）。由高密度GPS网检测到的相关站点实时（水平）位置变化可以作为自然灾害早期预警系统的一部分。

实时处理高频率GPS数据还可以精确地对火山和地震的快速形变进行监测。GPS作为一种惯性传感器能够在非常高动态范围记录地面位移，因而可以作为强地运动地震计。高采样率GPS数据低延时流数据处理可以为地震、火山喷发、海啸大地测量及早期预警提供一种应急工具。基于这些原因，美国近年来实施的一个重大项目板块“边界观测试验场”（PBO）中一个重要的组成部分就是布设高密度的高频GPS观测网络，对地表形变和运动进行连续观测，从而了解地表长时期和短期动态变形状态，增强对地震、火山喷发等自然灾害的孕育和触发等过程的认识。

与GPS观测类似，InSAR技术同样可以服务于整个地震周期过程的监测，包括震间、同震和震后阶段断层活动所造成的地表形变，如确定地震形成的同震形变场、地震断层的几何形态和滑动分布、震后形变和松弛以及震间滑动。研究表明，利用InSAR卫星得到的地震形变场，与其他类型的测量数据及弹性形变模型所获得的结果相当吻合。因此，结合现代空间大地测量技术和传统观测手段，建立连续的地表动态运动和变形过程，将能大大增强对地球动力学过程、火山喷发孕育、地震应变积累以及地下介质性质的了解，为减轻自然灾害、认识和了解地球系统提供关键的资料和参考。

该领域的主要发展方向是：利用高频或超高频 GPS 与多尺度、多工作模式的 InSAR 技术监测地震地壳形变，利用空间大地测量监测信息结合其他地面大地测量监测信息以及地质数据、地震波数据联合反演震源破裂过程、震前震后形变，并进一步开展地震机理以及地球动力学过程等方面的研究。

（五）空间大地测量参考系与数据融合

1. 大地坐标系

大地坐标系既是国民经济建设和国防建设的基础，也是国家地理信息的基础框架和城市建设的基础，同样也是飞机、车辆、舰船、远程武器、人造卫星等运动载体导航、定位、定轨的基础。坐标系的建立包括坐标系的定义、实现以及维持。首先必须从理论上给出坐标系的定义，然后由一组固置于地面的、分布合理的、具有自洽坐标的点集构成的框架来实现。因板块运动、地壳形变、地心运动等因素的影响，合理的坐标系还应包括坐标系的维持问题。现行的大地坐标系统又分为局部坐标系和地心坐标系。依据空间大地测量为主要手段建立大地坐标系，且要求坐标系原点与地球质心重合，则称之为地心大地坐标系。

世界各国都非常重视坐标系统的建立工作，为更好地结合自身的具体地理位置和技术发展水平、满足自身发展需求，相继在不同的历史时期建立了符合本国度、本地区的大地坐标系。随着以 GPS 为代表的空间技术的快速发展，国际地球自转服务局（IERS）发布了系列地球参考框架（ITRF88、ITRF90、ITRF91、ITRF96、ITRF97、ITRF2000、ITRF2005 等），基于此，世界各国都在建立自己的地心坐标系统。1986 年北美大陆通过地面控制网和空间测量网联合平差，建立了 NAD83 地心坐标系。1995 年南美洲 11 个国家开展了 GPS 会战（即 SIRGAS 计划），建立了与 ITRS 相一致的地心参考系 SIRGAS。欧洲国家利用 GPS 等空间技术建立了固联于欧洲板块稳定部分的欧洲参考系（ETRS）。从 20 世纪 70 年代起苏联决定改用全球地心坐标系（PZ-90）。日本也建立了 2000 日本大地基准（JGD2000）。蒙古建立了新的国家大地坐标框架 MON-REF97。新西兰于 1998 年建立了新的三维地心坐标系 NZGD2000，基准与 ITRS 一致，参考历元为 2000.01.01。澳大利亚建立了地心基准 GDA1994.0。韩国和马来西亚分别推出了国家三维地心坐标系统 KGD2000 和 NGRF2000。

纵观世界各国近年来建立的坐标系统，它们具有如下特点：①抛弃了传统的局部坐标系，采用了更高精度的地心坐标系，ITRS 成为地心坐标系的发展方向，采用地心坐标系是国际测量界的总趋势；②在建立坐标系的工程中，其主要手段均基于空间大地测量技术，特别是GPS观测技术；③更加注意坐标系统的维持与更新，建立了永久跟踪站来维持坐标系，除了具有高精度的点位坐标外，还建立了地壳形变速度场信息；④加强了国际的协调与合作。

在我国，由于历史和技术的原因，先后在不同时期曾建立和使用过多种大地坐标系（Yang et al.，2009）。近10年来，我国学者对建立新一代地心坐标系的可行性和方法作了详细研究和描述，并利用空间观测技术，卓有成效地开展了我国地心坐标系的研究与实践工作（陈俊勇，2003），进行了“2000GPS大地控制网”平差和“地面网与空间网”的联合平差，建立了“2000中国大地坐标系（CGCS2000）”。CGCS2000是一个定义明确的地心坐标系统，有2500多个GPS框架点（精度为3cm）和近5万个加密三角网点（精度为0.3米）与之对应，历元为2000.0。

2. 参考框架与地壳运动

GPS连续跟踪测量技术，已经成为建立空间大地测量参考框架的主要技术手段。成立于1992年的国际GNSS服务机构［International Global Navigation Satellite System（GNSS）Service，IGS］是由国际大地测量协会协调的一个永久性服务机构。IGS服务范围涵盖了美国的GPS、俄罗斯的全球卫星导航系统GLONASS和欧洲正在建设中的GALILED系统等三大全球卫星导航系统。IGS致力于为地球科学研究及多学科应用提供高质量的GNSS数据和产品。这些高精度的数据和产品，可为地壳运动、坐标参考框架、地球自转、地球重力场，以及水圈（海平面、冰层等）、大气圈（包括电离层、对流层）、精密时间传递等科学研究特别是地球科学研究提供高精度的、高分辨率的信息；所提供的各种预报产品，特别是高精度的实时和预报星历为GPS实时用户带来较大益处。IGS的出现和成功运行极大地推动了GPS技术在大地测量领域中的应用，促进了世界范围内大地测量科学研究的发展。

美国国家连续运作的基准站（CORS）系统项目于1994年启动，其目的在于提高人们利用GPS数据以厘米级精度在整个美国及其领地测定点位的能力。他们也用CORS数据发展地理信息系统（GIS），监测地壳形变，测定大气层水汽分布，支持GPS的遥感应用，以及监测电离层自由电子的分布。该项目开展15年来，已拥有超过1350个永久GPS观测站。1995年南美洲11个国家开展了58个点的GPS会战，建立了与ITRS相一致的地心参考系SIRGAS。欧洲国家利用GPS等空间技术建立了固联于欧洲板块稳定部分的欧洲参考系，依靠90多个GPS永久跟踪站维持EUREF。日本建立了由1200个GPS连续运行站（GEONET）协同64 000个一等、二等、三等经典大地点的观测网络来维持大地基准JGD2000。

我国目前的地心坐标系的实现分三个层次：第一层次为 CGCS2000 的维持，主要依靠 28 个连续运行 GPS 观测站，实现我国大地坐标系与国际 ITRF 的联系，并监测地壳运动，连续运行基准站是 CGCS2000 的骨架，其坐标精度为毫米级，速度精度为 1 毫米/年；第二层次为 CGCS2000 的框架，即 2000 国家 GPS 大地控制网，它由 2500 多个 GPS 大地控制点组成，点位精度约为 3 厘米；第三层次 CGCS2000 的加密，它由全国天文大地网与 2000GPS 控制网联合平差后的网点坐标来体现，全国约有 5 万点，三维点位误差约为 3 分米。我国也计划在今后 10 年，建设自己的国家级的连续运行参考系统。目前，该计划正在实施。中国国家 CORS 系统将拥有 600 个永久连续卫星运行跟踪站，对维护和更新我国的地心坐标系具有重要作用。

目前，我国在中国地壳运动观测网络（Crustal Movement Observation Network of China，CMONOC）的基础上正在实施"中国陆态网络工程"项目，陆态网络工程的科学目标是建成覆盖中国大陆及近海的高精度、高时空分辨率、准动态的四维观测体系，实时动态监测大陆构造环境变化，认知现今地壳运动和动力学的总体态势，揭示其驱动机制，探求对人类资源、环境和灾害的影响，推进地球物理学、大地测量学、地质学、大气科学、海洋学、空间物理学、天文学，以及自然灾害预测和地球环境科学的发展。我国陆态网络工程已建立 260 个基准站，即将建设 2000 个区域站。陆态网络工程采用多种空间大地测量手段，包括 GPS、SLR、VLBI 等，以多源数据与综合分析系统综合处理 GPS、SLR、VLBI、InSAR 等空间大地测量数据，研究中国大陆整体运动，获取中国大陆及其周边构造块体的动态图像，分析重力场和变形场随时间变化，探索板块内部构造变形的动力学过程，如青藏高原隆起的成因、演化及其对资源、环境的影响，开展火山喷发、地震活动与其他地质灾害研究。

3. 空间大地测量数据融合

空间大地测量数据融合是多源信息融合的一个重要分支。所谓"空间大地测量数据融合"是指充分利用各种类空间观测信息，经过数据探测、筛选和组合，获得精确的时间、位置估计的一种数据融合方法。由于空间大地测量观测手段不断丰富，如 GNSS、卫星测高技术、卫星测冰、卫星重力技术、InSAR 技术等，观测精度不断提高，观测信息也日趋走向多星座、多频率、多分辨率、多模式等。这些丰富的观测资料必须首先进行数据的同化处理，使不同来源、不同分辨率、直接或间接观测数据与模式结果集成为具有时空一致性和物理一致性的信息，否则这些丰富的观测信息难以被有效利用。目前，数据同化技术主要有最优差值法、变分法、滤波法等。总体上讲，同化技术发展的趋势如下：①由三维（空间分布）向四维（空间与时间分布）过渡；②对观测数据本身的静态分析向观测数据结合动力约束的动态分析过渡。

在与空间大地测量技术手段紧密联系的多源动态导航定位方面，单一的导航传感器也已被丰富的卫星导航（GPS、GLONASS、GALILEO、北斗等）、无线电导航、惯性导航、天文导航、重力辅助导航、磁力辅助导航等组合传感器取代，于是出现了多传感器的组合导航。这些丰富的空间大地测量观测信息不仅增加了观测冗余，而且为误差补偿、信息提取提供了更丰富的资源。如何提取与分离这些观测量中所包含的信息已越来越重要。在空间大地测量应用方面，单一的空间大地测量手段已越来越不能满足需求。例如，地球动力学应用方面，不仅需要高精度的点位信息，而且需要地壳形变信息；坐标系统的维持与更新，不仅需要框架点坐标信息，而且需要框架点变化速度；地球重力场应用方面，不仅需要离散点的重力异常和区域大地水准面信息，而且需要重力和大地水准面变化信息，用以反演地球内部各圈层的物质迁移等。正是由于观测手段和信息的不断丰富，以及大地测量信息应用需求的不断丰富，将多种类型的空间观测信息按特定的需求进行最优融合已成为空间大地测量研究的热点问题之一。原有适用于传统大地测量的观测数据处理、信息提取技术已经不能完全适应技术手段多源化的现今空间大地测量学的发展，也不能满足空间大地测量成果的应用需求。

多种类空间大地测量信息融合与综合信息提取具有单一观测参数估计无可比拟的优点：首先，在大地测量观测信息融合中，单一观测信息的系统误差不再起支配作用，于是空间大地测量参数估计的可靠性将得到提高；其次，由于有大量的冗余信息，少量观测的异常误差不仅容易诊断，个别小异常误差的影响也将显著减弱，所以空间大地测量信息的容错性将大大提高；最后，空间大地测量观测不再受到单一观测系统故障、干扰而崩溃，从而可以提高空间大地测量成果的可用性和安全性。因此，空间大地测量数据融合已成为大地测量的重点发展方向之一，并在国防建设、科学研究、空间技术等高科技领域具有广阔的应用前景。纵观空间大地测量信息提取与融合的发展过程，其特点是，数据采集手段逐渐由单一的卫星系统技术向航天、航空、海洋等多元观测手段发展，空间大地测量数据处理模式已从单一类型向多种观测数据的融合处理方向发展。

第三节　交叉学科发展布局与发展方向

空间科学本身就是随着航天技术的进步而发展起来的一门新兴的基础交叉

学科，是自然科学的基础学科，如数学、物理学、化学、天文学、地球科学等在空间的自然延伸。未来10年的交叉学科有六大类。

1. 与等离子体物理学的交叉

从太阳大气到地球和各种行星的广阔空间环境乃至日球层中都充满着等离子体。在不同的空间环境中等离子体的特性各不相同。例如，太阳大气和行星际空间充满着稀薄的等离子体，各种等离子体物理过程往往受到行星际磁场的影响，它们又主要受太阳磁场的控制。地球磁层则基本上由完全电离的等离子体组成，其形态主要受地球磁场的支配，同时又受太阳活动的影响。电离层系由部分电离的等离子体组成，太阳辐射、地球磁场和引力场共同对它起作用。但是这些等离子体的一个重要特征是带电粒子之间的长程作用力及其与电磁场的相互耦合决定着它们的动力学行为，同时它们的动力学过程的发展速度往往大于体系趋于平衡态的速度，经典的碰撞效应可忽略不计，等离子体可看成是无碰撞的。这种非平衡态下的无碰撞等离子体可以激发各种不同类型的不稳定性并产生等离子体波动，形成各种非线性的等离子体物理现象。一些基本的等离子体物理过程，可能是不同的空间环境中的一些宏观现象的共同原因。例如，磁场重联可能是导致太阳耀斑、CME、磁层亚暴等重要爆发现象的共同机制。同时，空间环境的各种宏观现象，如太阳爆发及它们引发的扰动在行星际、磁层和电离层的响应，都与空间等离子体中的基本物理过程密切相关。因此有必要和等离子体物理紧密结合，从等离子体物理的角度出发来研究空间环境中的各种现象，探讨它们的物理起因，了解它们的物理本质，以便更好地预报空间环境中的各种灾害性天气事件。另外，目前对空间等离子体物理的研究手段主要是在处理卫星观测资料的基础上，通过理论和数值模拟来研究空间环境中的空间等离子体中的各种基本物理过程。卫星观测的主要问题是可重复性差，是被动的实验，没法进行人为控制。有必要和等离子体物理结合，在实验室中开展和空间环境中条件相似的等离子体物理实验，结合卫星观测更好地研究空间等离子体中的基本物理过程，并探讨空间环境中的各种现象的物理本质。

在最近10多年中人们对胶体等离子体晶体十分关注，这类胶体晶体又被称为“等离子体尘粒（plasma dust）晶体”。除了包含电子、离子和中性气体分子外，这种体系中还有尘粒存在，被称为复杂（或尘粒）等离子体。悬浮在等离子体中的尘粒会通过与电子和离子的碰撞而获取电荷，尘粒获取的负电荷量可在103～105e的范围。在从星云到等离子体加工等各种等离子体环境中，几乎都包含尘粒。在半导体制造业中，在某些重要的工序中，如等离子体蚀刻和等离子体沉积工序，尘埃微粒的污染会明显降低产品的成品率。此外，带有尘粒的等离子体还广泛存在于行星环、彗星环境，以及地球的电离层和磁气圈中。目前讨论得比较多的典型的情况是悬浮在气体（如氖气）放电等离子体（电离度约 10^{-6}）环境中的直径在 1～10 微米范围的尘粒。尘粒的自重会使可能形成的结构坍塌，在重力条件下很难保持完整的结晶结构。为了克服重力的影响，可以采用电场使尘粒悬浮。当然，最理想的是在微重力条件下进行实验。与在地面观察到的情况不同，在微重力条件下，对以单分散微球为尘粒的等离子体的研究结果显示其具有三维结构。

2. 与大气物理学的交叉

低层大气是重力波的重要源区，在重力波向上传输的过程中，由于重力波的饱和破碎等过程将释放出能量和动量，影响中高层大气的动力学结构及化学成分分布，所以对低层大气的重力波活动，以及重力波的源区分布和特性的研究，对认识中高层大气动力过程和化学过程有巨大意义。目前的探测和研究证明，低层大气对中高层大气的影响较之上层大气对下层大气的影响更加有效，低层大气对中高层大气具有非常重要的影响。与大气物理学的交叉主要关注的问题如下：低层大气源区特性是非常重要的研究课题，重点研究低层大气重力波分布特征及季节变化；低层大气剧烈天气活动对上层大气影响；地面事件，如地震对中高层大气的影响；低层大气与中高层大气化学成分的交换；产生大气潮汐波的低层大气加热源的分布和季节变化；中低层大气动力学和化学探测的新方法等。

3. 与固体地球物理学的交叉

空间物理学是固体地球物理学从地球内部和表面向空间的自然延伸。发生在地球内部的物理过程对空间物理过程有多种尺度的显著影响。一是发生在地球内部短时间尺度（几十秒钟至几十分钟）瞬态爆发性过程，如地震、火山喷发、海啸等。这些瞬态爆发性过程会直接强烈影响到地球空间中高层大气和电离层的状态。二是中等时间尺度（几天至几十天）的地球内部物理过程，如地震等爆发性事件的孕育过程。这些发生在地球内部的孕育过程会在地球空间产生电磁扰动，导致大气成分和电离层状态发生变化。三是长时间尺度（几年至几十年）的缓变过程，如磁极移动和地球内秉磁场强度变化等地球磁场长期变化。这些变化会导致地球辐射带等磁层宏观结构的变化。另外，GNSS 等空间大地测量技术在固体地球物理领域的广泛应用，大大扩展和推动了空间科学与固体地球物理领域的交叉研究范围，使人们能够探索和研究地球内部动力学过程，如板块运动、构造、地震活动、地球自转变化、冰川、海平面变化及地幔对流等深内部地球物理过程。

4. 与计算机、信息科学的交叉

由于宇宙空间的物理结构和动力学过程的复杂性，空间科学数值模拟中的大型科学计算问题对计算机性能提出了越来越高的要求，大规模并行计算机、大容量存储系统、高速局域网组成的高性能计算环境是开展空间天气物理模型和将来进行空间天气数值预报的发展基础。随着高性能计算机30年的发展，超级计算机的计算峰值速度从每秒100万次到100万亿次，运算速度提升迅猛。以对称多处理（SMP）为基本节点的大规模并行处理机（MPP），采用共享存储和消息传送相结合的机制已经成为主流。多核甚至众核已经成为当前阶段处理器体系架构发展的必然方向，无处不在的并行正在成为现实。然而，高性能计算机实际应用的低效率与计算峰值速度的快速提高存在着明显的差距，其主要原因在于算法的研究与发展及其应用实现较之硬件技术的发展严重滞后。对于空间物理数值模拟的算法研究者而言，计算机硬件技术的快速发展既是很好的发展机遇，又是巨大的挑战。目前并行计算的发展趋势是并行算法研究与机器和应用特点的结合越来越紧密，对于空间物理领域众多复杂度高、耦合性强的数值预报算法，如何有效利用数千个处理器、多核处理器、多级存储结构、指令级流水线并行等高性能特征开展并行编程与并行优化工作将极具挑战性。虽然我国空间物理研究已基本具备了和国际该领域研究一起站到国际前沿的基本条件和能力，但是应用高性能计算进行数值预报在我国还处于萌芽阶段，因此需要加快、深化与高性能计算技术研究的学科交叉。空间物理和空间环境探测的网络式分布、海量数据、三维可视化的需求决定了与信息科学交叉的必然性。空间科学科研信息化（eScience）新时代已经来临。

量子信息科学是利用量子体系的独特性质对计算、编码、信息处理和传输过程给予新的诠释，从而实现经典信息处理无法达到的性能。量子信息科学的核心目标是实现真正意义上的量子计算机和绝对安全的可实用化的长程量子通信。未来的量子计算机一定会在量子位（qubit）数目可升级的量子系统中获得实现。就中远距离（百千米左右）的量子密钥分配，已经接近实用化的阶段，未来的研究将是追求量子密码可实用化的指标。对于长程量子通信，应发展安全高效的量子中继技术。不同于经典信息，量子信息的基本逻辑单元及对这些单元的处理过程都遵从量子力学规律，如量子叠加性、纠缠性、非局域性和不可克隆性等，使量子信息可以实现经典信息无法做到的新信息功能，在提高运算速度、确保信息安全、增大信息传输容量等方面突破经典信息的极限。量子信息包括基于光子的量子信息处理，基于冷原子、冷离子、冷分子等超冷物理系统的量子信息处理，基于固态系统的量子信息处理等。量子信息科学在空间科学中有重大应用价值，在空间基础物理研究、天体演化研究、深空探测、超大规模计算、海量信息存储和传递等领域尤为重要。

5. 与流体物理学和生命科学的交叉

空间的恶劣环境给航天器的运行安全带来严重威胁。航天器的各部件有可能受到太阳能量粒子的袭击，这些粒子能够改变卫星上计算机的指令，引起存储的状态改变，严重时甚至能导致芯片物理损坏。航天器表面充电也是影响航天活动的一个潜在威胁。带电粒子不断撞击飞船，使飞船的不同部分形成不同的充电状态，飞船的不同组成部分间就可能形成弧光放电，从而损害这些部件甚至使它们完全报废。当能量粒子（主要是电子）穿透一个卫星的外壳，在内部某部分积累一定电荷时，就会发生整体充电（也叫深层充电）。当任何一个组件上电荷积累到一定程度，它都要试图通过与其他部件放电而达到控制，这种内部放电对卫星上的电子系统是一种潜在的危险。低轨道上长时间原子氧侵蚀、强的紫外线辐照等也会造成飞行器表面材料的降解或破坏。航天材料的使用是让航天器更可靠、寿命更长的关键。

特大耀斑所释放的高能量的粒子对人类的危害就像核爆中低能辐射对人类的伤害。地球的大气层和磁层可以对地面上的人们起到足够的保护，但是对于太空中的宇航员来说，存在具有潜在致命辐射剂量的问题。标准辐射剂量的高能粒子穿透到生物细胞中，可以导致染色体损伤和癌症的潜在危险，大剂量可以导致立即死亡。太阳质子事件也可能对跨越极尖区在高纬地区飞行的超音速飞机造成严重的辐射。空间天气事件也可能通过改变地球磁场从而影响地球上的生命现象和人的身体健康。不仅如此，空间环境下重力所致的对流、沉降、静水压消失，气-液界面发生改变，细胞的物质传输和新陈代谢过程条件发生重大变化，会最终导致宇航员的骨流失、肌肉萎缩、免疫力下降、神经系统和循环系统功能异常等生理改变；同时，空间微重力环境也为细胞/组织的三维生长、高质量的蛋白质单晶等空间生物技术发展提供新的机遇。因此，应着重关注微重力环境下骨骼-肌肉系统、心（脑）血管和血液循环系统、神经与免疫系统等的改建和重建规律，空间细胞（组织）生长规律及其生物学功能，空间蛋白质晶体生长规律和生物大分子的物理与化学过程等空间生物学过程的认识，以及空间细胞/组织培养、空间蛋白质单晶生长等空间技术的发展，为宇航员生理对抗措施的制定、医疗健康保障技术的发展提供基础数据，并为地面相关高新技术的发展、改善人类健康做出贡献。

6. 与地震、海洋、冰川和水文学交叉

空间大地测量观测新技术（如 GNSS、卫星测高、卫星重力及 InSAR 等）的迅猛发展，显著提升了现今空间大地测量监测能力与性能——精度、可靠性、分辨率、时效性及效率，直接推动了现代大地测量学与地震、海洋、冰川和水文学等领域的交叉研究。利用空间大地测量新技术，结合相适匹的精密数据处理方法、地学反演算法及数值模拟分析技术，开辟了地震（特别是地震机理、防震减灾、地震地壳形变、震源破裂过程、地震精确定位等）、火山喷发、海啸、海平面变化、海洋环流、冰川消融、陆地水储量变化等监测与研究的新时代，加深了人们对地球系统的各圈层的物质分布、物质循环和能量交换的认识，使人们进一步了解地球各系统的质量分布、运移和交换等动力学过程，推动了对探测地球系统内部的动力学和气候学驱动过程的机理研究，为人类应对全球变暖、极地冰川融化、海平面上升及人类水资源匮乏等全球环境变化与全球地表物质迁移所引发的科学与社会问题，提供了较全面的技术与知识支持。该领域是当代地球科学的重点和热点研究领域，具有广阔的发展前景。

第四节　优势学科与薄弱学科的平衡问题

由于各种原因，特别是国家对各学科之间的投入不平衡，空间科学各分支学科之间的发展是不平衡的，一些优势学科与一些相对薄弱的学科之间的发展差距巨大。在国家有限的空间科学投入的背景下，对资源的倾斜配置在短时间内可以收到较好成效，但长期如此，弊端也是明显的。例如，有些优势学科虽然获得了较多资源资助，但其投入产出是不匹配的。同时，当今空间科学发展日新月异，学科之间交叉和融合趋势不断强化，相互联系、相互促进不断增多。个别学科的薄弱，有可能制约空间科学的整体发展，影响到对整个自然科学规律的深入认识。世界上创新型国家科学发展的经验表明，学科均衡布局与协调发展是提升一个国家科学和技术整体水平的必要基础，是鼓励和支持科学家自由探索和资助创新的重要保障。一个领域的整体发展水平并不是靠一两个优势学科就能体现出来的，未来 10 年要加强空间科学领域各学科的协调发展，争取在整体上到达国际先进水平。

第五节　人才培养需求分析

目前，我国从事空间科学研究及相关技术研究的骨干人员总数超过 1000 人，其中院士 30 余人，国家杰出青年科学基金获得者、长江学者、“百人计划”

学者和特聘专家近100人，正高职称人员超过400人。但是，我们从事空间科学研究的人才队伍的特点是：在国际上能引领学科发展的领军人才还只出现在个别“突破点”，尚未形成“线”和“面”，整体研究实力还有待提高；另外，实验、探测技术人才紧缺，特别是有效载荷研发和空间天气效应分析人才十分短缺。而空间科学的发展又是关系到国家战略安全的关键学科，这就对我国空间科学方面的人才培养提出了很高的要求。既要大力培养在国际上能引领学科发展的领军人物，在某些方向上形成在国际上有影响力的研究团队，同时还需培养人数众多的研究队伍，尤其是我国在某些关键领域欠缺的人才。因此，①需要加大对空间科学领域创新研究群体和国家杰出青年科学基金的支持力度，建议每两年左右支持一个创新研究群体，每年支持4～6个国家杰出青年。同时对其中优秀者给予较长时间的稳定支持，“十年磨一剑”，使他们能够成长为有国际影响的领军人物。②近年来，随着空间科学对年轻科研人员吸引力的增加，越来越多的年轻的刚毕业的博士加入到空间科学的研究队伍，因此需要逐渐增加青年基金的支持数量和强度，给刚进入这一领域的年轻人以必要的扶持。③需要在空间科学领域设立专项基金，专门支持我国空间科学研究中紧缺而又薄弱的领域，如有效载荷的研发等。

高等院校在我国空间科学的人才培养上起着关键的作用，是空间科学研究的后备队。从某些方面来讲，高等院校能否吸引到优秀的青年人才加入到空间科学研究领域决定了我国在这个领域的未来。有必要设立针对高校的专项基金，用于支持对大学生、中学生等各个层次的人的科普教育，利用各种途径，包括网络、电视等对各个层次的人进行宣传，吸引更多的人关心我国空间科学的发展并投身到空间科学研究领域。同时需要加大对我国空间科学研究中紧缺而又薄弱的领域的人才的培养力度，由于这些人才需要多学科领域的知识结构，对这些人才的培养需要在本科阶段就开始，注意发掘这方面的人才，有意识地从本科阶段就加以引导和培养。

第六节　国家重点实验室等平台建设计划需求分析

一、国家重点实验室建设需求分析

2006年，我国成立了空间科学领域第一个国家重点实验室——空间天气学国家重点实验室，该实验室提出和承担了国家重大航天任务——“地球空间双星探测计划”，牵头推动和建设“东半球空间环境地基综合监测子午链（子午工程)”，为空间天气事业的发展做出了突出贡献。未来10年，空间科学领域有建设微重力和空间大地测量学国家重点实验室的强烈需求。

1. 微重力国家重点实验室建设需求

微重力科学是研究微重力环境中物质运动规律的科学。作为一种极端的物理条件，微重力环境为物理学、流体力学、热物理科学、材料科学及生命科学等开辟了新天地，提供了极好的研究机遇。微重力科学研究成果还直接为航天技术发展中大量技术问题的解决和进步提供了可靠、高效的技术方案和源源不断的技术保障，同时激发和带动了地面相关高新技术的发展，为改善人类健康、促进新材料制备、发展新的生物技术及节能减排技术、提高人类的生活质量做出了重要贡献。然而，随着微重力科学的迅速发展，我国的微重力科学研究从规模、实力及基础设施各方面均难以应对迅速发展的人类空间活动的需求、难以适应国际微重力科学前沿的发展趋势，与我国的航天大国地位不相适应，严重制约着我国在国际空间活动领域的话语权和影响力。

基于我国微重力科学发展需要，建设微重力国家重点实验室可使有限的经费发挥高效的作用，有利于促进我国空间技术的发展，提升研究成果的社会和经济效益。建成后，我国微重力研究的地基设施将达到国际先进水平，实验室将成为国际一流的微重力研究中心。

实验室定位是：以具有重大应用背景的基础性研究为主，积极承担与微重力科学相关的我国航天高技术发展急需的工程技术研究，合理安排和促进微重力科学的基础研究，采取科学与技术相结合、地基研究与空间设备研制相结合的技术路线，大力发展和促进微重力流体科学与空间材料科学和空间生命科学相关的交叉学科研究。实验室研究方向包括流体物理学、燃烧科学、材料科学、生物力学与纳米生物技术。实验室发展目标是：根据国家科技发展战略规划和国家空间科学发展规划，强化国家需要牵引，培育人才队伍，加强基地建设，力争建成在国际上有重要影响的微重力科学研究中心和微重力用户支持中心。围绕国家载人航天的需求，力争承担并完成若干重大国家任务，同时为工程实际需求提供技术支撑；瞄准微重力科学发展前沿，不断深化各相关领域研究，推动学科发展，做出重要的创新成果。

2. 空间大地测量学国家重点实验室建设需求

大地测量学与地质学、地球物理学和地球化学共同构成了固体地球科学的四大支柱。随着现代空间大地测量技术的飞速发展，传统大地测量学发生了深刻的变革。观测手段的革新和精度的大幅提高，使我们得以捕捉用传统大地测量无法获得的一系列与地球形变和地球动力学有关信号，如从地球重力场变化到大地水准面精化，从板块构造运动到特定断层的不均匀变形，从地幔地核介质运动到地表物质迁移等。通过与其他学科的大跨度交叉、渗透，开创了现代大地测量学发展的新阶段，推动了地球科学的发展，成为国家基础测绘和军事测绘的核心组成部分。而空间大地测量是现代大地测量学最重要、最活跃的分支学科。空间大地测量学依托 GNSS、卫星重力、DORIS、InSAR、测高卫星等空间技术，可精密测定地表几何位置及变化规律，获得地球重力场时空变化特征，地球质量分布迁移运动规律，探究地壳运动变形的动力学机制，精密测定空间飞行器的位置及导航等，这是区别于地震技术获得深内部物质性质和动力学特征的重要手段。

在过去的 20 年中，我国空间大地测量学的发展取得了一系列令人瞩目的成就：一方面，在更广的范围、更深的层次参与解决地球科学所面临的重大基础科学问题，使我们从全新的视角重新审视地球的动力学过程和行为；另一方面，空间大地测量学为解决人类所面临的资源、环境、灾害和国家安全等紧迫课题提供了重要的基础地学信息。近 10 年来，随着我国综合国力的不断增强，国家有关部门（科技部、国防科工委等）已经在空间大地测量学相关领域建设和部署一批重大科学工程任务和基础研究项目，如国家重大基础建设项目——中国大陆构造环境监测网络、北斗二代导航定位系统、近地卫星与航天飞行器精密定位与对接、潜艇重力无源辅助导航及我国重力卫星的预研究等，对空间大地测量学科及技术发展的要求与日俱增。近年来，结合空间大地测量学科特点和发展态势，国际大地测量学界适时地推出了一个庞大的国际大地测量计划——全球大地测量观测系统（global geodetic observation system，GGOS），以深入研究与灾害监测（地震、火山、水汽、电离层）、全球变化（海平面变化、冰川消融、洋流和地下水储量）、国防安全（卫星导航、导弹发射、载人航天）等密切相关的高精度地球重力场、深地球内部动力学、地表系统质量分布与运动、地壳运动与地震活动等一系列科学问题，学科的发展面临前所未有的机遇。

经过几十年的努力发展，我国空间大地测量研究与应用技术平台及人才培养工作有了长足的进步，为进一步提升我国空间大地测量研究与服务水平奠定了很好基础。但目前我国空间大地测量研究平台和人才队伍还无法适应国际空间大地测量迅速发展的态势及我国对空间大地测量研究与应用服务日益增长的需求。为了满足目前国际上该学科发展和国内科技创新战略等的迫切需求，亟待从国家层面建设、充实该领域的研究队伍和力量，应尽早建立空间大地测量学国家重点实验室，整合我国该领域的研究力量，加强我国空间测地技术的创新和集成，研究解决国家建设和国防安全中的重要理论和关键技术问题。

3. 太阳活动国家重点实验室建设需求

太阳物理学致力于揭示太阳活动的起源，为太阳活动预报奠定物理基础，为天体激变现象研究提供引导。而且对太阳活动现象的研究，在认识天体物理过程和探索广泛的自然科学问题等方面，也具有不可替代的作用。该领域的研究对国家科学长远发展、国家重大空间计划与国家安全等均具有极其重要的意义。

迄今为止，我国太阳物理学家经过不懈努力，在太阳物理领域已建成了一系列总体性能优良的观测设备，其中部分设备达到国际先进水平。这些观测设备主要有国家天文台怀柔观测基地的太阳磁场速度场望远镜、太阳射电宽带动态频谱仪（跨 1～7.6 吉赫兹分三个频段），云南天文台 Hα 监测望远镜、0.6～1.5 吉赫兹频段太阳射电频谱仪，紫金山天文台 4.5～7.5 吉赫兹太阳射电频谱仪、赣榆 Hα 太阳精细结构望远镜和多通道近红外太阳光谱仪，以及有特色的南京大学太阳塔等。

在科学研究方面，我国在太阳表面磁学，包括太阳活动区向量磁场演化和太阳弱磁场研究、太阳活动大气的光谱诊断、基于非局部热动平衡理论计算的半经验大气模型、耀斑动力学过程、太阳活动中的高能辐射、太阳大气中的微观等离子体机制、太阳风理论和模型、太阳磁场的理论外推、太阳活动磁流体理论与数值模拟、太阳活动中长期变化等方向上开展了一系列原创性研究，在国际学术界已占有一席之地。怀柔观测基地与美国大熊湖太阳天文台（BBSO）在世界上首先成功地进行了太阳磁场的“日不落”联测，成为太阳物理研究领域中的开创性研究课题。在太阳活动预报模式研究方面也进行了有成效的探索，总结归纳出多种太阳活动现象日面分布的演变规律，初步建立了太阳磁场物理参量与太阳活动现象的统计关系和太阳活动经度带预报模型，上述研究成果在载人航天和探月的空间环境保障服务中发挥了重要作用。我国学者在太阳物理领域保持了相对的学术优势。以国际太阳物理的权威杂志 *Solar Physics* 为例，近 10 年来，中国学者发表论文数占其总数的 9%。

中科院于 2008 年 12 月 17 日批准成立了太阳活动重点实验室（国家天文台）。该实验室汇集了与太阳活动研究方向有关的三个创新研究团组、一个观测基地和两个天文技术实验室，是我国规模最大最集中的太阳物理研究群体，其研究力量占国家天文台的 1/4 左右，拥有理论研究、观测分析和设备研制等综合优势。

将太阳物理研究力量按国家重点实验室的机制进行管理和运行，有望将其发展成为一个具有很强知识创新能力、拥有重要国际影响并在太阳物理和日地空间环境研究方面对国家经济社会发展具有关键性作用的科学基地和国际学术交流中心，可有效落实我国《国家中长期科学和技术发展规划纲要（2006—2020年）》在学科发展和科学前沿问题中的相关部署。

4. 国家空间天气科学中心建设需求

子午工程是中科院“十一五”期间启动的第一个国家重大基础设施建设项目，国家投资1.67亿元，由中科院等七部委下属的12个单位共同建设。根据国家发改委对子午工程可行性研究报告的批复（发改高技〔2006〕2176），子午工程项目建设完成后，由参加子午工程项目建设的中科院、教育部、工信部、中国地震局、国家海洋局、中国气象局和总参气象水文局等单位联合组建“国家空间天气科学中心”，负责子午工程的运行管理和发展，充分体现子午工程“共同建设，共同拥有，共同使用”的特点，保障子午工程探测数据的共享、共用，极大促进空间天气的科学研究和应用服务，充分发挥“子午工程”数据的最大科学效应和经济效益。同时，肩负起组织和协调我国空间天气保障系统的建设和完善、组织和协调空间天气的科学研究、组织和参与重大空间天气国际科技合作计划，以及宣传、普及空间天气科学知识等责任。

二、未来10年空间科学探测卫星需求分析

1. 空间太阳物理领域

（1）空间太阳望远镜

空间太阳望远镜的核心科学目标是：在太阳基本磁元尺度（即太阳表面75～100千米）观测向量磁场，并在广泛的辐射波段和连续的时间演化上，对太阳瞬变和稳态磁流体力学过程进行协同观测；诊断磁场和等离子体的相互作用，认识太阳活动的成因，从而实现太阳物理研究的重大突破，并为预报空间天气提供重要的物理依据和新的方法。具体包括①在0.10″～0.15″的空间尺度上探测基本磁元，并以此为突破点研究太阳矢量磁场和速度场的精细结构和演化过程。②通过对太阳大气多层面的高时空分辨率协同观测，寻求色球和日冕加热现象的物理原因，将有助于解决色球和日冕加热这一太阳物理领域的历史性难题。③研究太阳耀斑和CME中能量的积累、存储和释放的物理机制，特别在磁场非势能、磁界面结构及磁场重联研究方面，力争有新的突破。在进一步深化关键技术研究、调整和优化空间太阳望远镜上有效载荷的基础上，全面提升空间太阳望远镜原有科学目标，争取在“十二五”早期国家正式工程立项，“十二五”末或稍晚发射，开创国际上围绕空间太阳望远镜观测结果开展太阳物理研究的新时代。

（2）太阳活动25周峰年观测卫星

“太阳活动25周峰年观测卫星”的科学目标是利用前所未有的观测手段对太阳活动25周峰年期间的多种太阳爆发现象进行系统的观测和研究。目前提出的中小卫星候选项目包括超高角分辨X射线望远镜（SHARP-X）、高能及远红外探测卫星（SEHEFI）、空间甚低频观测阵（SRALF）、太阳磁场立体观测等。经过一定的预研究，优化组合，争取在“十二五”期间完成工程立项，“十三五”期间发射，以覆盖一个完整的太阳活动周，引领国际太阳物理学研究。

2. 空间物理与空间环境领域

1）夸父计划——“空间风暴、极光和空间天气”探测计划。“夸父计划”由三颗卫星组成。“夸父A卫星”位于日-地连线上距地球150万千米的日地第一拉格朗日点（L1）处，用来监测太阳活动的发生及其伴生现象向日地空间的传播过程；“夸父B”包括的两颗卫星位于磁层极区，主要观测目标是地球空间对太阳活动和行星际扰动的响应，持续观测极光及其与磁层亚暴发生和发展时序过程。“夸父计划”的科学目标是观测空间天气事件从太阳到地球的整体连续变化现象，揭示控制日地空间系统的基本物理过程，提高空间天气灾害预报的准确度，服务航天通信等高科技活动。太阳扰动会导致卫星失灵，影响航天员安全，对地面各种通信设备形成干扰。“夸父计划”能帮助人类对太阳活动进行预测预报，采取相应的防护措施。其科学意义表现如下：“夸父计划”将对日地空间天气系统的两端——太阳大气和地球空间，进行前所未有的时空连续、多层次的成像观测，完成从太阳大气到近地空间完整扰动因果链的探测，通过多方面的首创性监测，实现日地系统端到端的整体、连续成像观测。并预期在日地系统的能量及扰动的耦合机制，如太阳爆发先兆、太阳风的形成机制等方面取得具有重要原创意义的突破性进展。届时，“夸父计划”将与其他空间计划一起进入以探测日地空间整体行为为标志的空间探测新纪元。由于2012年将是下一个太阳活动峰年，2012～2014年太阳活动将会很强烈，所以建议“夸父计划”三颗卫星在这个时间内发射，主要是为观测到新的日地物理现象，进一步揭示日地空间风暴机理，监测行星际扰动传播，为灾害性空间环境预报提供观测数据。

2）磁层-电离层-热层耦合小卫星星座探测计划。该项目是密切结合当前国际空间探测突出不同物理现象之间的相互影响和地球空间天气过程的连锁变化过程的发展趋势，以及航天、通信和国家安全对电离层的特性和变化规律的深入认识的重大需求提出来的。主要科学目标是，利用高、中、低不同轨道的小卫星组成的星座系统，探测电离层上行粒子流（电离层风）发生和演化对太阳风直接驱动的响应过程，研究来自电离层和热层近地尾向流在磁层空间暴触发过程中的重要作用，揭示磁层-电离层-热层系统相互作用的关键途径和变化规律。建议“十二五”期间进行预先研究，“十三五”后期工程立项。

3. 微重力科学领域

在微重力科学领域，我国今后的发展重点是实践10号（SJ-10）科学实验卫星。

利用我国返回式卫星技术，发展微重力平台及相关的空间微重力实验计划。充分发挥和利用我国成熟的返回式卫星的技术和经验，进行一批重要的空间微重力实验，及时解决国家的需求；同时，也为我国今后的载人航天计划进行必要的准备。

SJ-10返回式卫星上星项目包括微重力科学和空间生命科学两部分，具体包括四个方面：①载人航天和航天工程中的重大问题，如防火、热管理、辐射、太空生态、加速度测量；②若干基础研究前沿方向，如颗粒运动、热毛细运动、蒸发界面对流、家蚕突变、水稻基因变化、荒漠藻多糖研究、细胞物质输运规律、胚胎和胚胎干细胞培养；③服务于人类健康的问题，如多糖抗肿瘤细胞培养，制备与重大疾病相关的生物大分子单晶，培养修复神经组织损伤的三维神经组织，培养可用于人类器官再造的干细胞组织；④促进地面高新技术发展，如深井采油技术、制备新材料、研究高效和低污染烧煤过程、改善荒漠化环境、改进家蚕品质等。可以预见该项目的实施在基础及应用两方面可取得一批重要成果，并且其两项国际合作项目必将在国际微重力界产生重要影响。

4. 空间大地测量领域

空间大地测量领域需要建设我国独立自主的重力卫星系统。我国必须下大力气支持和逐步重力卫星系统的研制步伐，建设我国独立自主的卫星重力测量与应用平台，这是确保利用我国空间大地测量技术深入开展地球科学前沿领域基础科学问题研究、取得重大原创性成果，确保我国空间大地测量学发展水平位于世界先进行列的最关键措施之一。另外，研制卫星重力技术系统对发展我国系列相关高精尖技术具有很大的推动作用。由于空间技术的复杂性及高精度星载设备研制的困难，国际上专用重力卫星计划历时近30年，直至20世纪末才有重大转机。鉴于重力卫星具有高精度确定地球重力场的能力，国际上许多著名的研究机构，如德国地球科学中心、美国得克萨斯大学空间研制中心和NASA喷气实验室（JPL）在这一方面都开展了高水平的研究工作。最近，NASA制订了今后的重力卫星发展规划，在5～25年将研制出三种不同原理的卫星，即GRACE星座方式、激光干涉测距方式和量子重力梯度方式。我国虽然利用国外的重力卫星观测资料在算法、软件及应用研究方面取得了成功，但重力卫星研制所涉及的测量设备、卫星材料、安装工艺、卫星轨道及姿态控制、参数标定等都有特别的精细要求。我国现有相关技术水平离上述要求还有较大的差距，必须加快发展步伐，迎头赶上。我国要建设独立自主、先进的卫星重力系统，必须掌握成熟的双频星载GPS接收机与加速度计、KBR星间测距测速仪、卫星姿态微控制及质心测量与控制等星载设备研制技术。

三、天地一体化空间环境综合监测体系建设需求分析

随着人类对空间开发与利用规模的加大和程度的加深，空间日益成为维护国家安全的“战略高地”；空间产业逐渐成为促进国民经济持续发展的重要“支柱”。但是，人类在开发和利用空间的过程中遭遇到空间环境的巨大威胁，空间环境导致了20％～40％航天器异常和故障，致使卫星和有效载荷性能衰退甚至失效，威胁航天员健康和生命安全，干扰军事侦察、监视和预警，降低卫星通信、导航和定位质量甚至完全中断信号。而且空间活动规模越大、空间技术水平越发达，空间环境的危害越突出、越严重。因此，各航天大国在航天事业蒸蒸日上的同时，都要建设一定规模的空间环境监测和保障体系，为其空间活动保驾护航，其首要目的是保障军事航天安全、维护国家空间安全，并且为空间攻防的重要战场提供信息支持。

天地一体化空间环境综合监测体系包括地基和天基两个部分。子午工程将在我国空间环境综合监测体系的地基系统建设中起牵头作用，所形成的120°E子午链和30°N台链将成为地基系统的骨干网。并有望通过国际合作，把位于子午圈（120°E＋60°W）上的国家和地区的空间环境监测台站组织起来，共建地球上第一个完整的空间天气子午圈，实施国际空间天气子午圈计划。子午工程二期将以子午工程为骨干网向纬向和径向延拓，对我国重点区域加密观测，充实完善沿100°E和40°N的两条观测链，与子午工程的120°E和30°N观测链共同构成覆盖我国区域上空的空间环境地基综合监测网。

子午工程二期的建设将：①实现我国国土上空广袤区域的空间环境监测的大范围、大尺度的覆盖，中、小尺度精度分辨，为建立以我国自主观测为基础的中高层大气和电离层模式提供观测基础；②实现空间天气变化过程包括太阳大气－行星际－磁层－电离层－中高层大气－地面的空间天气连锁变化全过程监测，促进各个圈层耦合的交叉研究；③满足精确、可靠、实时、连续的空间环境监测能力的发展新要求。

天基以“夸父计划”、磁层-电离层-热层耦合小卫星探测星座、子午星为主导，各类应用卫星搭载为辅。地基与天基观测密切配合，从根本上改善我国对太阳、磁层、电离层和中高层大气的空间天气的监测和保障能力。

四、发展我国多频多模卫星导航系统仿真及综合应用平台

构建我国北斗、GPS、GALILEO 等多 GNSS 仿真和综合应用平台，是各类全球卫星导航系统的建设和现代化，以及系统导航定位定轨模型与方法性能测试等的必然需求。该平台在国民经济与国防建设等多个方面均能发挥重要的作用。同时，该平台的研制涉及多方面的地球/空间科学领域，如大地测量、地球物理、空间环境等学科的数学模型、算法，不仅需要进行技术与集成创新工作，也将进一步推动地球/空间科学领域的数学模型与方法及数据仿真与处理的研究，具有重要的理论意义及重大的应用价值。因此，对于我国新一代卫星导航系统的建设及推广应用，将来还包括我国第二代北斗卫星导航系统、GPS、GALILEO 等多个 GNSS 的集成应用，都迫切需要建设该多频多模 GNSS 仿真和综合应用平台。它对解决我国第二代北斗卫星导航系统自主导航与精密定轨关键技术难题，将发挥独特的、不可代替的作用。

1）星间链路。在北斗二代系统建设中，将面临地面监控站布设数量不足且其地理分布不均匀的困境，而利用导航卫星星间链路，可以实现导航卫星自主定轨，从而保证导航系统在没有地面控制系统支持的情况下，维持卫星星座的基本构型，满足高精度导航定位和应用，从而增强卫星导航系统在复杂环境下的生存能力。

2）MEO 卫星精密定轨研究。鉴于 GPS、GLONASS 及 GALILEO 等卫星导航系统带来的竞争压力，我国第二代北斗卫星导航系统如果在国外优化布设地面跟踪站，将会受到很大的阻力。而只在国内布设地面跟踪站，将会给第二代北斗卫星导航系统的卫星跟踪及轨道确定带来很大的影响。因此，需要深入开展在国内区域布设跟踪站的情况下的 MEO 卫星精密定轨及预报研究，为我国第二代北斗卫星导航系统提供运行保障。

3）GEO 卫星精密定轨研究。GEO 卫星的精密轨道的确定和预报存在较大困难：卫星轨道高，跟踪站布设范围较小，观测几何结构强度差；站星几何变化小，一些系统误差难以解算和分离；卫星实施机动控制频繁。由于国内外尚无成熟的经验可以借鉴，所以我国必须研究解决 GEO 卫星精密定轨关键技术难题，以确保我国新一代卫星导航系统设计性能的实现和可用性的提高。

五、月球与深空探测科学应用研究平台

月球探测是当今世界高新科技中极具挑战性也是最具标志性的领域之一，

是众多高新技术的高度融合，是一个国家综合国力和科学技术整体水平的全面体现，更是一项凝聚国家民族力量、振奋民族精神的大科学系统工程和宏伟事业，同时也是提高一个国家国际威望并维护其国际外空事务权益的重要支撑活动之一。

2004 年 1 月，我国的月球探测工程正式立项启动，经过三年多的攻关与研制，于 2007 年 10 月 24 日在西昌卫星发射中心成功发射了“嫦娥一号”。在一期工程实施的同时，我国的月球探测二、三期工程也被列为《国家中长期科学和技术发展规划纲要（2006－2020 年）》的 16 个重大专项之一。

从 2007 年 11 月 20 日 CCD 立体相机开机探测并传回图像数据起，到 11 月 28 日 γ 射线谱仪开机止，“嫦娥一号”上搭载的 8 台有效载荷全部成功开机探测并获得了有效探测数据。2009 年 3 月 1 日，嫦娥一号卫星成功受控落月，圆满完成了各项探测任务。从开机探测到卫星使命结束，一共获得了约 1.39TB 的原始数据，为月球科学的应用和研究奠定了良好的基础。

目前我国的探月工程二期已经正式立项启动，在不远的将来将获得大量月面就位探测的科学数据。我国的探月工程三期也在紧锣密鼓地开展立项前的论证工作。同时有关部门正在积极地开展火星和小行星探测的有关科学和技术的预先研究工作，我国的深空探测活动正在如火如荼地开展。

但与此形势不相匹配的是我国还没有建立相应的月球与深空探测的科学应用与研究的平台，有关探测数据的应用与研究分散在全国各个科研院所和高等院校中的个别团队中，很难形成合力。我国月球和深空探测数据的应用和研究还处于研究的初级阶段，因此，建立“月球与深空探测科学应用研究平台”不仅是必要的，也是紧迫的。

◇参考文献◇

陈俊勇．2003. 关于中国采用地心 3 维坐标系统的探讨．测绘学报，32（4）：283-288.

欧阳自远．2006. 太阳系探测的进展与比较行星学的主要科学问题．地学前缘，13（3）：8-18.

袁运斌．2002. 基于 GPS 的电离层监测及延迟改正理论与方法的研究．武汉：中国科学院测量与地球物理研究所博士学位论文．

ESA（European Space Agency），CNES（French Space Agency）．2006. International symposium on radar altimetry. 15 Years of Progress in Radar Altimetry，in Venice Lido from 13 to 18 March 2006.

Evans C A，Robinson J A，Tate-Brown J，et al. 2009. International space station science research accomplishments during the assembly years：An analysis of results from 2000-2008. NASA/TP-2009-213146-REVISION A.

IIk K H，Flury J，Rummel R，et al. 2004. Mass transport and mass distribution in the earth system：contribution of the new generation of satellite gravity and altimetry missions to geo-sciences；proposal for a german priority research program. GOCE-Projektbüro Deutschland，

Technische Universität München GeoForschungsZentrum Potsdam Februar 2004.
Seibert G, et al. 2001. A world without gravity. ESA SP-1251.
Yang Y, Tang Y, Chen C, et al. 2009. Integrated adjustment of Chinese 2000' GPS control network. Survey Review, 41 (313): 226-237.

第五章 优先发展领域与重大交叉研究领域

第一节 遴选优先发展领域的基本原则

遴选空间科学优先发展领域的基本原则有两项。

1）充分利用我国现有良好基础和发展优势或充分体现我国资源与地域等特色，以科学问题为导向，以国家重大空间探测计划为依托，瞄准科学前沿，鼓励学科交叉，推动我国空间科学优势研究领域实现跨越式发展。

2）针对若干制约我国经济与社会可持续发展的重大难题中的关键科学问题，以及可能成为我国未来技术发展瓶颈的重要基础科学问题，提升我国自主创新能力，力争对社会和经济发展产生长远影响，引领科技未来发展。

第二节 优先发展领域

根据以上遴选优先发展领域的基本原则，空间科学领域在未来 10 年中共确定六个优先发展领域。

一、日地空间环境和空间天气

1. 背景与意义

1957 年人造卫星上天，人类进入空间时代。空间科学 50 余年的发展，最重大的成就之一是使人们认识到地球上除了陆地、海洋和大气环境外，还存在与人类的生存发展息息相关的空间环境。在这个由太阳大气、行星际、地球磁层、电离层和中高层大气所组成的日地空间环境中，常常出现给地面，空间技术系统的运行、可靠性，以及人类健康和生命带来严重危害的条件或状态，人们把这种由太阳活动引起的高度动态的短时间尺度的条件变化，称之为空间天气。空间天气是空间物理科学与地基和天基技术应用紧密相结合的学科，它将太阳大气、行星际空间和地球空间（包括磁层、电离层和中高层大气）视为一个整体系统，探测、研究和预报太阳爆发现象引起各层次空间环境灾害性事件的发生和演化及其对天基和地基技术系统的影响，可以尽量减小空间环境灾害造成的损失，保障人类生存的安全。空间天气的研究具有重大的科学意义和强烈的国家需求。

日地复杂系统是多学科交叉、地球上无法模拟或重现的一个天然实验室，地球上以连续介质体系建立的科学概念和理论，如碰撞、扩散、能量转换等相互作用，对日地系统来讲已不完全适用，需要建立新的知识体系，它是自然科学原创性新发现的“主战场”，如1995年的诺贝尔奖授予了利用紫外探测器在地球极区大气层发现了臭氧洞及臭氧层演变机制的美国和荷兰的科学家。日地之间的空间环境涉及诸多物理性质不同的空间区域，如中性成分（中高层大气）、电离成分（电离层）、接近完全电离化和无碰撞的等离子体（磁层和行星际）；以及宏观与微观多种非线性过程和激变过程，如CME的传播、激波传播、磁场重联、电离与复合、电离成分与中性成分的耦合、重力波、潮汐波、行星波、上下层大气间的动力耦合等，这些都是当代高难度的基本科学问题。研究日地系统中的各种宏观与微观交织的非线性耗散，以及具有不同物理性质的空间层次间的耦合过程，了解灾害性空间天气的整体变化规律，获取原创性科学发现，已成为当代自然科学最富挑战性的国际前沿课题之一。到目前为止，中国人对空间新知识的贡献度微乎其微，随着我国经济实力进入世界前三位，中国人理应对新知识的获取和世界文明的进步做出杰出的贡献。爱因斯坦曾指出，“未来科学的发展无非是继续向宏观世界和微观世界进军。”而空间天气学探索空间环境的变化规律，在当前自然科学微观和宏观两个重要前沿中，占据着宏观世界的前沿领域，并和微观领域的重要科学问题有密切关系，孕育着科学上的重大突破和发现。

无论从实施的ISTP、日地能量计划（STEP）和CAWSES，还是“国际与太阳同在”计划等，空间天气研究都是它们组织多学科交叉、协同攻关、去夺取重大原创性新成就的重大科学前沿领域。2006年中国发布的《国家中长期科学和技术发展规划纲要（2006—2020年）》将“太阳活动对地球环境和灾害的影响及其预报”列为基础研究的科学前沿问题之一。2009年11月3日温家宝总理在《让科技引领中国可持续发展》重要讲话中强调，空间是人类远远没有进行有效开发利用的巨大资源宝库，是关系可持续发展和国家安全的战略领域。要开发与利用空间，首先要认知和了解空间。空间毫无疑问将成为我国实现可持续发展的战略性新领地。

目前天上有近千颗卫星在运行，我国未来 10 年也会有近百颗卫星在天上。在航天、通信已成为我国巨大产业的今天，信息化时代的空间天气保障社会发展的功能将日益凸显。和地球天气一样，空间环境也常常出现一些突发的、灾害性的空间天气变化，这些变化有时会使卫星运行、通信、导航和电力系统遭到破坏，影响天基和地基技术系统的正常运行和可靠性，危及人类的健康和生命，进而导致多方面的社会经济损失。空间环境具有两重性，一方面，它是一种宝贵资源，如在通信、广播、教育、导航、气象、海洋利用和减灾防灾等许多领域，人类都因它而获益；另一方面，灾害性空间天气也可“覆舟”，给人类的生存和发展带来严重危害，影响人类生产和生活。据长期统计，航天故障率约 40%来自空间天气。NASA（2008 年）报道大约 59%的地球和空间科学卫星任务受到空间天气影响。重大的灾害性空间天气常给航天器造成严重损伤，甚至提前坠落。1998 年 4～5 月美国银河 4 号通信卫星失效，造成美国 80%通信寻呼业务中断。2000 年 7 月 14 日的灾害性空间天气使日本的宇宙与天体物理先进卫星（ASCA）失去控制，损失很大。我国也有气象卫星、通信卫星失效的事例发生。根据 1995 年的美国国家空间天气战略计划，空间天气每年给美国造成的损失都以数千万美元计，所以空间天气的探测、研究与预报服务已作为一种国家行为越来越受到高度关注。NASA 制订了到 2035 年的空间物理和太阳系空间环境探测的战略规划，提出了开拓空间环境预报的前沿领域的要求，强调要发展能预报灾害性空间天气的能力，最大限度保证载人和航天器探索的安全和科学产出。

总之，空间天气研究是 21 世纪新兴的基础研究重大前沿领域之一，人类社会发展的需求与日俱增，我国更面临发展高科技和国家安全的战略需求，我国在这些领域已有相当基础和一定优势，有和国际同步发展的历史机遇，可望取得重大原创性成就，通过支持本优先发展领域，力求把“亮点”联成“亮线”，集成为“亮面”，为实现我国在未来 10 年空间天气领域的整体研究水平进入国际先进行列做出重要贡献，为我国社会的发展和国家安全做出重要贡献。

2. 关键科学问题

本优先领域的关键科学问题是日地系统空间天气整体变化及影响，具体包括四大核心科学问题。

1）空间天气科学前沿基本物理过程。空间天气整体变化过程中需要回答的有关能量传输和转化的等离子体基本物理问题：磁场的重联机制；不同形式能量的转换和耗散机制；高能带电粒子的加速和传输机制；无碰撞激波产生的机制；电离成分和中性成分的相互作用过程。

2）日地系统空间天气耦合过程。日地系统空间天气事件中能量的剧烈释放、传播和耦合过程：太阳活动的产生机理和爆发特征，太阳爆发扰动在行星际的传播、演化及对地球空间的作用；能量在磁层中的储存与释放过程，暴时磁层空间中场与粒子的响应特征；磁层、电离层与中高层大气的相互作用及其引起的近地空间环境剧烈扰动。

3）空间天气区域建模和集成建模方法。日地系统典型空间天气事件的整体变化过程的集成建模与预报：从太阳爆发开始，经由行星际传播与演化，以及地球空间非线性响应的连锁变化过程、不同区域耦合、微观与宏观融合过程的定量研究。

4）空间天气对人类活动的影响。主要内容如下：现代无线电通信、卫星定位导航、电力传输、空间材料、航天等高技术系统及工程实施中的空间天气效应及精确表示；地球参考系、重力场、大型/特种精密工程的卫星测定过程中的空间天气影响；对航天、航空生命和人体健康影响的机理。

3. 发展目标

日地空间环境和空间天气的发展目标是，以日地系统不同空间层次的空间天气过程研究为基础，形成空间天气连锁过程的整体性理论框架，取得有重大影响的原创性新进展；建立日地系统空间天气事件的因果链模式和发展以物理预报为基础的集成预报方法，为航天活动、通信、导航、定位和国家安全等领域做出贡献；实现与数理、信息、材料和生命科学等的多学科交叉，开拓空间天气对人类活动影响的机理研究，为应用和管理部门的决策提供科学依据；发展空间天气探测的新概念和新方法，提出空间天气系列卫星的新概念方案，开拓空间天气研究新局面。

4. 重要研究方向

(1) 空间天气科学前沿基本物理过程

太阳是日地系统的主要能源和扰动源，其各种活动和爆发过程直接影响到整个系统的状态。地球是人类生活的基地，地球磁场和地球内部的活动也制约着空间环境的变化。日冕和行星际空间充满着稀薄等离子体，各种等离子体物理过程和行星际磁场起着重要作用，它们又主要受太阳控制。地球磁层基本上由完全电离的等离子体组成，它的形态主要由地球磁场和太阳风所支配，同时受到太阳活动的影响。电离层系由部分电离的等离子体组成，太阳辐射、地球磁场和引力场共同对其起主导作用。中高层大气及低层大气以中性成分为主，也有许多电磁过程和化学反应，同时涉及固、液、气和等离子体四态之间的相互作用。

为了了解灾害性空间天气过程的发生机理及其演化特征，必须对有关的基本物理过程开展系统的研究，一些重要过程可能是在不同区域产生的重大现象的共同起因。例如，磁场重联可能是导致太阳耀斑、CME、磁层亚暴、磁层顶通量传输事件等重要爆发现象的共同机制。又如粒子加速和加热机制，涉及日冕加热、太阳风加速、太阳高能粒子事件、辐射带能量粒子、极光粒子沉降等众多空间天气问题。为了进一步推动空间天气研究的发展，有必要对这些重大的前沿基本物理过程开展深入系统的研究。

主要的研究内容有以下六点：①磁场重联中基本科学问题研究；②带电粒子加速、加热和波动的激发研究；③无碰撞激波关键科学问题研究；④等离子体和中性成分之间的相互作用过程研究；⑤日冕加热和太阳风加速研究；⑥太阳能量粒子加速和传播研究。

（2）日地系统空间天气耦合过程

日地系统包括了日冕、行星际、地球空间（磁层、电离层和中高层大气）几个物理性质截然不同的空间区域，不同区域之间的耦合过程和整体行为构成了空间天气的前沿科学问题。

CME和耀斑是两种最主要的太阳爆发现象，代表着太阳系最剧烈的能量和物质释放过程，是造成日地空间电磁-等离子体环境扰动的主要因素。目前学者们大都认为，太阳爆发所释放的能量主要来自于日冕磁场。因此，在相关研究中日冕磁场是最为关键的物理因素，日冕磁场的三维结构，以及日冕磁能的积累和快速释放的物理机制是相关研究中的基本物理问题。发展趋势是将光球、色球和日冕联系起来开展研究。行星际空间是空间天气重要驱动源——太阳爆发事件释放的巨大能量、动量和物质能影响地球空间天气变化所必经的非线性传输通道，其间存在等离子体、磁场、波和带电粒子等多种物质形态，多时空尺度结构和各种各样的非线性激变、波-粒相互作用、粒子加速、磁重联和湍动等过程，它们常常使太阳爆发事件引起的太阳风扰动传输到地球空间时，变得面目全非，因此目前空间天气事件的预报，约2/3是靠猜测。太阳爆发事件在整个日地的传播演化在空间天气的研究过程中具有承前启后的纽带作用，是了解和预测地球空间天气变化的输入条件和基本依据。

地球空间暴包括磁层空间暴、电离层和热层暴等。磁层空间暴，包括磁层亚暴、磁暴和磁层粒子暴，是磁层天气的主要表现形式，是日-地空间天气连锁变化的一个关键环节。磁层空间暴既是对近地太阳风和行星际磁场的响应，又与电离层和中高层大气变化相互耦合，是近地太阳风扰动驱动的、相互关联的多时空尺度过程。发展趋势包括发展磁层多时空尺度的星座探测和近地太阳风-磁层-电离层-热层联合探测；成像探测与局地探测相配合，天基与地基探测相结合；将大尺度的驱动和触发过程与微观动力学过程联系起来进行研究；将近地太阳风、磁层、电离层和中高层大气联系起来进行研究；为了解磁层天气的过去、现在和未来的演化过程，开展地球磁层和行星磁层的对比研究。空间天气连锁变化过程的最后一个重要环节发生在地球空间，其中的耦合过程是空间天气过程的关键科学问题，并具体表现为电离层与中高层大气的暴时扰动，即电离层暴和热层暴。对磁层、电离层和中高层大气的空间天气耦合过程研究，必须把握对暴时扰动的能量传输特性的研究。

主要的研究内容有以下 12 项。

1）发展日冕磁场的数值外推和日冕磁场与爆发动力学关键参数的射电诊断技术；

2）太阳爆发现象的孕育、触发和爆发的物理机制研究；

3）CME 与耀斑过程的三维时空结构及不同爆发现象间的相互关系研究；

4）太阳爆发事件在日冕和行星际空间的传播和演化；

5）太阳风扰动与磁层相互作用过程；

6）磁层顶磁重联及其对磁层空间暴的驱动作用研究；

7）磁层亚暴的触发和能量释放过程研究；

8）行星际扰动对磁暴的驱动过程；

9）磁层粒子暴高能粒子的加速、输运和消失过程；

10）暴时能量输入，即极区空间天气与太阳风-磁层-电离层耦合；

11）暴时电离层-热层耦合及暴能量的高低纬度传播；

12）中低纬电离层-大气层-岩石圈耦合过程。

（3）空间天气区域建模和集成建模方法

空间天气研究覆盖了太阳大气、行星际空间和地球空间（磁层、电离层和中高层大气）整个日地耦合系统，其核心目标是通过研究太阳活动—行星际空间扰动—地球空间暴的连锁变化过程理解日地空间的空间天气的发生和发展。为实现这一战略目标，对建立在物理基础上的空间建模（包括区域建模和集成建模）有重要的需求，主要表现在以下三个方面。第一，任何探测卫星所探测的区域对于广袤的空间而言都是非常有限的，利用有限的轨道探测设计出揭示重大物理过程和规律的空间探测计划，建立在基本物理过程基础上的空间模型是不可或缺的工具；第二，空间建模所提供的空间环境的背景要素是进行航天器空间环境防护辅助设计的重要依据，特别是以前航天器很少涉足的空间区域；第三，空间建模是我们从空间探测的有限区域数据中了解整个空间全貌和理解空间探测数据的重要手段。然而日地系统的太阳日冕、行星际、地球空间的物理结构和动力学过程的复杂性，使得传统的理论分析变得非常困难，进行大规模计算的数值模拟方法成为攻克这一世界难题的最有效的途径，而随着高性能计算的迅猛发展，实现这一途径的技术条件业已成熟。经过几十年的发展，在从太阳大气、行星际空间再到地球空间的不同空间区域都研发了成熟度不同的各种物理或者经验模式，包括太阳活动预报模式、日冕和行星际模式、磁层模式、内磁层-辐射带模式、电离层-热层模式、中高层大气模式等。21世纪初国际上还开展了日地系统连锁变化过程的物理集成建模。

主要的研究内容有以下五项：①太阳活动/日冕建模研究；②行星际建模研究；③太阳风-磁层建模研究；④电离层/热层建模研究；⑤模式集成、预报演示和试验方法研究。

（4）空间天气对人类活动的影响

空间天气对人类活动的影响日益受到人们的重视。这些影响绝不仅仅限于空间活动，而是涉及天基、地基各类现代高技术系统和人类健康和人类生活的本身。就空间技术而言，据统计在轨卫星的所有故障中，空间天气效应诱发的事故约占40%。空间天气事件对通信、导航、定位也有严重的影响。通信领域、卫星精密定位系统、导航系统、雷达特别是远程超视距雷达系统都会受到空间电磁环境扰动的强烈影响，如它可使雷达测速测距系统产生误差，使卫星信号发生闪烁，使导航定位侦察系统产生误差；空间高能粒子辐射除直接威胁航天员的生命安全外，还对民航飞机空乘人员和器件特别是经常在高纬地区和跨极区飞行航班人员和器件产生影响；空间电磁环境扰动、空间天气事件与人类日常活动，健康条件和疾病发生的关系也已引起人们的关注并正在被深入研究。对于地面技术系统，大量的研究表明，除电网以外，石油输送管道、铁路通信网络都会有类似影响。

主要的研究内容有以下六项：①中低纬空间天气影响机制的研究；②哺乳动物细胞和模式动物的空间天气因素生物学效应以及植物、微生物及简单受控生态系统对空间天气因素的敏感性和适应性研究；③空间天气对航天材料、器件、功能和寿命等效应的综合研究；④空间天气对卫星无线电精密导航、定位与测地等效应的综合研究；⑤空间天气、气候和对流层天气、气候的相互影响；⑥空间天气对卫星无线电精密导航、定位与测地等效应的综合研究。

二、太阳活动及其对空间天气的影响

1. 背景与意义

太阳是离人类最近、对人类影响最大、与人类生存环境的关系最为密切的一颗恒星，在太阳的光辉为人类带来温暖、光明和勃勃生机的同时，发生在太阳上的任何爆发性活动都可能给人类的生存环境带来巨大影响甚至是灾难。因此，加强对太阳爆发性活动的起源、发生发展规律，以及未来的活动预报的研究，直接关系着人类社会的生存环境和未来发展。

太阳爆发活动，是指发生于太阳大气中的各种扰动现象，其中以太阳耀斑、爆发日珥、CME等现象最为显著。太阳活动发生时，太阳紫外辐射、X射线、γ射线、射电辐射及高能粒子发射等都将迅速增强，其影响是大尺度大范围的，不但影响整个太阳大气磁化等离子体结构，同时还影响着整个日球物理过程、日地空间环境及地球高层大气结构。因此太阳活动直接影响着人类的空间环境、飞行安全、人造卫星的正常运行、无线电通信及电力网系统的稳定运转等。研究太阳活动规律及其对空间环境的影响，对国民经济发展、国家安全和人类生活具有至关重要的作用，目前已经成为世界各国共同关注的一个重大课题。在我国《国家中长期科学和技术发展规划纲要（2006—2020年）》里，将“太阳活动对地球环境和灾害的影响及其预报等”部署为前沿科学问题中的主要研究方向之一。美国科学院空间科学委员会提出的第一个挑战性的科学问题就是，“理解太阳内部的结构和动力学、太阳磁场的产生、太阳活动周期性的起源、太阳活动的成因和日冕的结构和动力学”。理解、定量描述并预测太阳、日球和磁层动力学过程对人类活动的影响已成为当今空间科学研究的主要目标和重大课题之一。该领域的研究对于国家科学的长远发展、国家重大空间计划的实施及国家安全等均具有极其重要的意义。

此外，太阳还是唯一一颗人类有可能进行高分辨率详细观测和研究的恒星，对太阳活动的发生规律、起源和激发机制、太阳活动过程中磁化等离子体的能量释放过程的详细研究，可以推广到对宇宙间其他天体活动现象的研究，为其他天体激变现象研究提供借鉴和参考，对天体形成与演化的研究具有重要的指导意义。因此人们常常将它视作天然的天体物理实验室。对太阳爆发活动起源的研究，不仅对认识天体物理过程，而且对广泛的自然科学问题的探索，都具有不可替代的作用。

2. 关键科学问题

本优先领域的关键科学问题是太阳活动的起源、演化及其对日地对日地空间环境的作用和影响，具体包括如下七个核心科学问题。

1）理解太阳内部的结构和动力学、太阳磁场的产生与演化、太阳活动周期和太阳活动的起源、日冕的结构和动力学特征。

2）理解太阳活动过程中能量的积累、释放及释放机制、能量的转化及传播过程。

3）理解日球结构、磁场和物质（等离子体）在太阳系中的分布，太阳大气和星际介质的相互作用。

4）理解地球和其他太阳系对象的空间环境，以及它们对内部和外部影响的动力学响应。

5）理解在太阳和空间等离子体中各种观测现象之间相互作用的基本物理原理。

6）理解和定量描述太阳活动对行星际介质、地球磁层动力学过程、人类活动环境及各类生产设施（如通信系统、航空航天系统、电力系统、交通运输系统等）的作用模式。

7）建立太阳活动的定量模型，准确预测预报太阳活动。

3. 发展目标

在空间太阳物理探测方面，20 世纪 70 年代中后期，我国就自主地提出旨在观测太阳的“天文卫星 1 号”计划；90 年代初开始，就提出并不断预研“空间太阳望远镜”计划，其科学目标主要是研究太阳磁场，以获得 0.1″～0.15″的前所未有的高空间分辨率，而且还要获得高精度磁场结构，从而实现对太阳磁元精确观测，将取得太阳物理研究的重大突破，为空间天气预报提供重要的物理依据和预报方法；怀柔的太阳矢量磁场望远镜的成功运行表明，我国在太阳矢量磁场的地面观测方面具有较强的优势。2001 年初，神舟二号飞船成功搭载了旨在观测太阳 X 射线和 γ 射线的“空间天文分系统”；2006 年年初，中国、法国合作“太阳爆发探测小卫星”（SMESE）又获得国防科工委的支持。但时至今日，作为空间技术大国，我国尚没有发射过一颗太阳物理的专用卫星，在空间天文台的运行和管理方面尚属空白。因此，我国太阳物理领域在 2010～2020 年的战略目标思路是，瞄准前沿科学问题，加强优势领域，适度扩大规模，实施国家“十一五”和“十二五”空间太阳物理规划，取得空间太阳物理探测零的突破，走可持续发展的道路，使我国的太阳物理研究跨入世界先进行列。

1）实现大视场、高分辨率、快速、长期连续的太阳磁场与速度场、多波段太阳辐射的综合观测，进一步奠定我国在国际太阳物理地基探测方面的先进地位，并实现空间太阳望远镜观测零的突破。

2）系统理解太阳磁场的起源和演化过程，建立太阳耀斑和 CME 等剧烈爆发活动的触发与传播过程的理论模型、太阳大气等离子体中的高能粒子的加速机制和传播特征，以及相关的辐射过程，为物理上预报太阳剧烈活动奠定理论基础，并对其他恒星上的类太阳爆发过程研究提供借鉴和参考。

3）建立太阳活动的长、中、短期预报模式，建立基于太阳活动物理机理和人工智能技术的太阳活动中短期预报系统，促使我国太阳活动预报研究进入国际先进行列。

4. 重要研究方向

自从 1859 年第一次观测到太阳耀斑现象及 1908 年首次测量到太阳黑子磁场

以来，人类对太阳活动的认识取得了辉煌成就，发现了大量的太阳大气中的结构特征，已经认识到太阳活动的本质其实就是等离子体的一系列物理行为的反映，其中磁场起着最为关键的作用。同时，人们还发现，太阳磁场是整个太阳系中最复杂的磁场系统，该磁场系统的起源和时空演化规律、磁场与太阳等离子体的耦合规律、在太阳爆发过程中的能量释放机制、大量的高能粒子的加速机制等问题至今仍然困扰着我们，我们还无法确切地知道太阳爆发性活动事件的发生发展规律，以及他们对人类生存的空间环境的影响和作用。因此，我国在2010～2020年在本领域的主要研究方向有以下四个。

1）太阳活动起源、发生和发展规律。①太阳与实验室等离子体物理、日地空间物理的交叉研究；②通过高分辨率观测探索太阳磁场起源；③太阳大气小尺度结构以及磁场、速度场的精细结构和演化。

2）太阳活动基本物理过程。①太阳活动整体行为；②耀斑高能辐射、射电辐射及其动力学过程；③CME的形态特性及物理机制；④CME激波的光谱-射电综合研究；⑤磁场重联的基本物理过程及等离子体不稳定性；⑥太阳大气爆发过程的理论和数值模拟。

3）太阳活动与人类生存环境。①太阳活动预报模型、警报规范研究；②太阳活动与地球气候变化的关系；③逐步形成仪器种类齐全的地基太阳活动监测网络和全新的太阳活动预报信息平台。

4）新一代太阳物理探测技术及探测方法。空间和地基太阳物理探测技术和方法，其中红外波段将是21世纪地面天文的主战场，蕴涵诸多科学发现的机遇。

三、月球探测及地月系早期演化历史的研究

1. 背景与意义

月球是地球唯一的天然卫星，是距离地球最近的天体，一直是人类观察研究的对象。自古以来，月球各种自然现象的产生和变化，深深地影响了人类许多哲学观念与科学思想的形成和发展。20世纪50年代出现了航天技术，人类对月球开始了直接探测。1959年始，在冷战背景下，美国和苏联展开了以月球探测为中心的空间竞赛，掀起第一次月球探测高潮。到1976年，美国和苏联共成功发射了45个月球探测器。1969年7月美国“阿波罗11号”飞船实现了人类首次登月，月球探测取得了划时代的成就，但耗费的人力物力巨大。随着冷战的结束和苏联的解体，月球探测从1977年开始沉寂了近18年。经过总结和反思，1986年NASA提出了“又快、又好、又省”新的空间探测战略，1989年美

国总统布什宣布了重返月球的设想，1995 年美国提出了面向 21 世纪的重返月球计划。

进入 21 世纪以来，世界主要航天国家再次兴起了月球探测高潮。2004 年 1 月，美国总统布什宣布了“新太空计划”，2005 年 9 月 19 日，NASA 公布了耗资 1040 亿美元的“2018 年重返月球计划”，已于 2009 年发射“月球勘测轨道飞行器”（LRO），2009 年 9 月 10 日发射了无人软着陆探测器（GRAIL），2018 年左右实现人类重返月球；ESA 已于 2003 年发射了“用于先进技术研究的小型任务”计划（SMART-1）月球探测器，并于 2004 制订了宏伟的“曙光女神”计划，其核心内容就是载人登陆月球；日本、印度也纷纷出台了月球探测规划，并分别于 2007 年 9 月和 2008 年 10 月成功发射了绕月探测卫星。我国也制定了分三步走的月球探测发展战略，并于 2007 年 10 月 24 日成功发射了“嫦娥一号”。

月球是人类开展深空探测的首选目标，因为月球具有可供人类开发和利用的各种独特资源，也是人类向外层空间发展的理想的基地和前哨站。月球具有的资源、能源和特殊环境，已经展现出了广阔的开发利用前景，将为人类的可持续发展做出重大贡献。新技术的进步，特别是航天技术、信息技术和光电技术的发展，可以使月球探测和资源开发的成本降低，效率和质量大大提高。随着地球资源逐渐匮乏，开发利用月球资源将成为人类共同的愿望。月球表面具有高真空、无磁场、弱重力、地质构造稳定和高洁净的环境，建立月球天文观测基地、生物制品和新材料研制基地、对地观测站和深空探测前哨站均具有重大的政治、军事和科学意义。月球是空间科学、天文学、生命科学、对地观测和材料科学的理想研究场所。联合国 1984 年通过了《月球协定》，规定月球及其自然资源是人类共同财产，任何国家、团体和个人不得据为已有。但推行实力政策，先登月先得益，仍然是不可改变的客观事实。主要航天国家和组织加紧实施月球探测计划，将加剧对月球及其自然资源的争夺，抢占更多的月球开发权益。月球探测是一个国家综合国力和科技水平的重要体现。新一轮的月球探测目标：一是进一步深化对月球形成和演化的认识，二是进行月球资源和能源的开发和利用前景的评估。

2. 关键科学问题

本优先领域的关键科学问题是地月系统的起源和演化，具体包括两大核心科学问题。

（1）月球以及地月系的起源模式

“月球的起源”是古老而永恒的科学问题，至今仍然是众说纷纭，难以形成一个统一的说法，18 世纪以来提出了多种月球起源假说，大致可归纳为四种类型，即同源说、分裂说、俘获说和大碰撞学说（欧阳自远，2005）。

1）“同源说”，也称为“双星（吸积）说”，是最早出现的一种月球起源假说，它认为月球和地球具有相同的起源，由同一个弥漫星云物质聚集而成。

2）“分裂说”，也称为“共振潮汐分裂说”，认为在太阳系形成初期，地球还处于熔融状态时，地球的转速相当高，以至于有一部分物质从地球外部被分裂出去后形成了月球，甚至有人认为太平洋就是月球分出去后留下的疤痕。

3）“俘获说”是继“同源说”和“分裂说”之后提出的月球起源假说，认为月球和地球本来是在太阳星云的不同区域形成的，月球与地球一样，都是绕太阳公转的行星，一次偶然的机会，当月球运行到地球附近时被地球俘获，成为自己的卫星。

4）“大碰撞学说”是20世纪80年代中期由美国天文学家提出的一个崭新的关于月球成因的假说。该假说认为，在太阳系形成早期，原始太阳星云物质先凝聚成大大小小的固体星子，大约在相当于目前地-月系统存在的空间范围内，固体星子聚集形成了一个原始地球和一个火星般大小的天体，它们在各自的演化中均已分异而形成了以铁为主的金属核和以硅酸盐组成的幔及壳。地球刚形成不久，由于运行轨道的变动，这两个天体发生巨大碰撞，火星大小的天体碎裂瓦解，其金属星核被地球吸积，而其幔物质以及部分地球物质被抛射出去，这些飞离的气体、尘埃受地球的引力作用“落”在地球的周围，通过相互吸积，先形成几个小天体，以后像滚雪球似的聚集形成月球。这种假说在某种程度上兼容了以上三种经典假说的优点，并得到了一些地质化学、地质物理学实验的支持，还有几个研究组分别作了计算机的数值模拟，可以较好地解释月球的轨道性质、较小的平均密度、缺乏挥发性元素和富含难熔元素等事实，引起了科学家们的极大关注，是当前较合理的月球起源假说，但大碰撞学说也还存在一些无法解释的观测事实。

那么，月球是与地球一样，在太阳星云中通过星云物质的凝聚、吸积而独立形成，还是由地球分裂出来的一部分物质形成的？月球形成时就是地球的卫星，还是在后期的演化中被地球俘获而成为地球卫星的？这是月球起源学说争论的焦点。

（2）月球及地-月系形成最初10亿年的演化历史

后期各种地质作用的改造，使得地球上很难保存其形成最初10亿年的历史记录，而月球从31亿年以来就处于地质上的“僵死”状态，基本保持了月球形成早期的特征，这为研究地-月系甚至太阳系的起源和演化提供了便利条件。研究表明，包括地球在内的类地行星都是由不同的星子吸积形成的，在它们的演化早期，无论是结构，还是化学组成和分布上都是不均一的，月球质量瘤（Mascons）的发现就是这种不均一性的表现，也表明月球的物质调整未曾完成，其地质演化停留在较早的阶段。由于地球演化历史的长期性和复杂性，地球形成的早期，特别是最初的10亿年的演化历史的痕迹已被抹杀殆尽，给地球起源和演化的研究带来了难以克服的困难。所以在太阳系中寻找其他天体作为替代的研究对象，已成为人类进行太阳系特别是地球起源探索的重要途径。作为地球的唯一卫星和距离最近的天体，月球以其特有的“僵死”状态，很好地记录了自形成时（45亿年）到31亿年间地月系统演化的历史，而这正好是地球地质记录的空白，因此月球无疑是研究类地行星早期演化历史无可争议的首选目标，有可能为地球和月球，甚至太阳系起源的研究找到突破性的新证据。

3. 发展目标

以“嫦娥一号”获取的探测数据为基础，通过综合分析和整理国外已有的月球探测成果，形成对月球起源和演化模型的整体性和规律性认识，进而建立月球起源和演化的概念性模型，获得具有原创性的科学研究成果。

4. 重要研究方向

月球探测及地-月系早期演化历史的研究包括以下四个方面。

1）月球化学不均一性分布及其起因。全月球的遥感数据，特别是来自于Clementine多波段光谱数据和月球勘探者号的 γ 谱数据的地球化学信息表明，月球表面的元素分布极不均匀，根据其地球化学和地质演化的差异，可以将月球划分为有截然不同特征的三类地体。各个地体具有明显的横向地球化学不均一性，即每个地体的特征元素的含量有较大的差别，而在纵向上，每个地体物质的成分演化具有明显的继承性，结合我们对于中国最古老的克拉通——华北克拉通的研究结果（Liu et al.，1999），认为月球地体的地球化学不均一性也应该是来源于月球形成初期的化学成分初始不均一分布（刘建忠等，2009），因为月球后期演化的不成熟性，所以月球能够保留更丰富的形成初期的信息，可以为研究地-月系的起源提供更多客观和直接的证据。

2）外动力构造及其与月球演化的关系。月面外动力构造几乎都与大小和质量不同的撞击体对月面的撞击、轰击作用［单个或集群成坑、成盆、成海的主坑形成作用分别称为撞击作用（impact）、轰击作用（bombardment）、冲击作用（二次撞击形成次坑的过程可称为冲击作用，secondary cratering）和刻蚀作用（次坑刨掘对月面的动力改造作用称刻蚀作用，sculpture］有关。从规模和构造特征上，撞击、轰击造成的构造产物主要包括坑、盆、海三类。还有一类构造同轰击的派生构造或衍生构造，如撞击作用造成的抛射物与月面的相互作用，造成月面的动力侵蚀作用和充填、沉积作用，进而产生对月面的动力夷平作用。还有如月海所发生的均衡作用、冷凝作用等，都会产生大量的衍生构造类型。

这些外动力作用对月球的演化起到了重要的推动作用，因此开展外动力构造的研究可以为月球的撞击机制和历史以及月球演化历史的研究提供重要的参考。

3）月球内部结构与质量分布的不均一性。月球重力测量表明，月球内部，尤其是月海盆地之下普遍存在重力正异常，形成大量质量瘤，这说明月球内部物质的分布上具有大尺度的不均一性。而对于月球质量瘤的成因机制目前还存在许多争论，但目前比较流行的说法是，在初始月壳形成以后，由于陨石冲击月表开凿形成许多月海盆地，有的盆地很深，导致月海盆地中的月壳较薄，月壳的密度约 2.9 克/立方厘米，可能低于月壳下月幔的密度（约 3.3 克/立方厘米）。由于月面下仍然是可塑的、炙热的状态，所以月面下的物质能够产生对流，下部稠密的物质像“塞子”那样上涌，最终月海盆地下面的均衡补偿水平，最终重力平衡。由于月海玄武岩大面积喷发，覆盖在月海盆地之上，形成占月球面积 1/5 的月海玄武岩，月海玄武岩的密度为 3.2～3.3 克/立方厘米，月海盆地的部位将质量过剩而产生重力异常。详细研究月球内部结构与质量分布不均之间的内在关系，可以进一步揭示月球形成和演化的奥秘。

4）太阳系的早期演化历史。太阳系最初 10 亿～15 亿年的历史决定了地球和其他行星的演化方向。然而，由于地质年代久远，以及后期地质作用导致地球上缺失了这一段历史的地质记录，使得人类对太阳系这段历史的了解非常浅薄，所以太阳系的早期演化历史在太阳系形成和演化研究领域是一个亟待解决的科学问题。通过月球及小行星的探测与研究，详细了解行星早期演化历史中的化学演化，核、幔、壳的形成和热历史。撞击作用、构造作用、火山作用是形成行星表面特征的主要过程。

四、火星、金星与小天体探测，以及行星表面环境与生命生存背景耦合关系的研究

（一）背景与意义

火星和金星是除月球之外最为重要的探测目标，因此对于火星和金星科学目标的研究也就成为行星与太阳系探测发展战略研究中的重中之重。

1. 火星探测的历程

自 20 世纪 60 年代首次实现火星探测迄今，一共进行了 41 次火星探测（包括成功和失败的）。其中，1996 年以后，在每两年一次较为有利的发射窗口期间，都有火星探测器发射，使得火星的探测取得了大量有价值的成果。

综合分析国际火星探测的历史，可以发现，按探测方式分类，火星探测可

以大致分为三个阶段。

第一阶段（1964～1969 年）：飞越火星阶段。成功发射 3 个探测器，主要科学目标是对火星进行远距离观测和照相，初步了解其总体面貌。

第二阶段（1971～1996 年）：轨道器与软着陆器探测紧密结合。主要科学目标是对火星表面、大气、磁场、环境特征进行探测，探测深度从宏观普查到微观精细探测逐步发展，并开始进行火星次表层和内部结构探测。

第三阶段（1996 年～现在）：巡视探测器巡视探测。主要科学目标是寻找火星生命的遗迹，探测现存的生命痕迹。

其他各国的火星探测计划如下。

（1）美国的火星探测计划

1）2007 年凤凰计划。2002 年发射的火星奥德塞轨道器的探测结果表明在火星北极地区可能存在大量的地下水资源。为进一步探测火星上的水资源，2007 年 8 月于肯尼迪航天中心发射的“凤凰号”火星着陆器的总体科学目标是利用机器臂来挖掘该地区含水冰的土壤，供着陆器平台上的分析仪器进行科学分析。主要科学目标包括以下两个方面。①研究火星气候变化和水的演化历史。主要任务是准确构建火星过去气候演化模型和预测未来气候变化，搜集火星北极地区的气象数据。探测 10 万年前火星北极地区水流作用的痕迹。②寻找过去生命遗迹，探测冰-土界面生物存在的可能性。通过分析土壤中的碳、氮、磷和氢等元素，评估火星极地环境是否适合生命存在。深挖火星次表层 1～2 米处免受太阳紫外辐射的土壤，寻找过去生命遗迹和现在生命存在的痕迹。“凤凰号”火星着陆器搭载的科学仪器有机器臂、机器臂照相机、表面立体相机、加热析出气体分析仪、火星降落相机、显微镜、电化学和电导率分析仪、气象分析站。

2）2009～2020 年，NASA 的火星探测规划基于火星探测取得的巨大发现，NASA 制订了 2009～2020 年美国火星探测规划。该项探测规划将通过一系列科学探测计划来加强对火星过去和现在的生命环境研究，主要包括八项内容。①火星科学实验室计划（MSL）：探测火星生命的孕育环境，将开展对着陆区火星表面物质的地球化学和矿物学研究。②火星上层大气研究计划：小型轨道探测器通过就位和遥感探测来研究上层大气特征和大气逃逸的机制。③火星天体生物学实验室计划：着陆于火星表面可能存在生命的区域，这些区域同时也是被火星科学实验室计划证实有较高天体生物学研究价值的区域，并在此区域寻找火星过去生命遗迹和现在生命存在的痕迹。④火星深钻计划：通过 3 米和 10 米钻孔机对火星表面进行钻探，研究火星次表层特征。⑤火星着陆采样返回计划：采集火星表面样品并返回地球。火星着陆采样返回计划（GBMSR）能采集约 500 克的岩石碎片，系统简单且成本较低，由两个相同的着陆探测器组成，每个着陆器携带装载简单取样设备和照相机的机械臂，着陆器通过轨道器将采集的火星样品返回地球。⑥返回式轨道器火星样品采集计划：包括一个着陆探测器（或者巡视探测器）和一个返回式轨道探测器。⑦火星观测计划：利用固定在着陆探测器上的科学仪器，进行火星地震学、地球化学和气象监测等任务。⑧火星侦察计划（Scout）：根据当时火星探测的最新成果，研究火星基础科学问题。

（2）欧洲的火星探测计划

欧洲的 Aurora 星际探索计划中与火星探测有关的科学目标包括：①寻找火星现在存在生命的痕迹；②开展火星地质学、地球化学和大气的相关勘查，及火星环境特征研究；③最终目标是实现载人登陆火星探测。

（3）俄罗斯的火星探测计划

2020 年，俄罗斯运载火箭将把庞大的轨道飞船的各构件分别送入地球轨道，待飞船组装完毕后，宇航员将驾驶飞船进入火星约 1 万千米的轨道，释放探测机器人，其将在火星上着陆。

（4）中国的火星探测计划

中国也有自己的火星探测计划，预期的火星探测路线图为①2013 年进行火星环绕；②2016 年实现软着陆；③2020 年进行取样并返回。

2. 金星探测的历程

金星绕太阳运行的轨道离地球运行轨道最近（距太阳为 0.72AU，约日地距离的 3/4），金星与地球有很多相似性，但是金星还是有自己独特的性质。金星并没有类似地球地磁场那样的内禀磁场，但有浓厚的大气（中低层大气），大气层非常稠密。

自 1957 年 10 月人类发射第一颗人造卫星以来（Sputnik 1 号），探测金星的研究就已经开始。仅过三年后，1961 年 2 月 12 日，苏联发射了“金星 1 号”飞船探测金星。1962 年 8 月 27 日，美国发射的“水手 2 号”（Mariner 2）于 1962 年 12 月 14 日到达金星附近，并首次测量了金星大气的温度和金星磁场。“麦哲伦号”首次对金星的地形进行了勘测。这些探测标志着人们开始了真正意义上对金星的科学探测。

此后，人们相继多次向金星发射了探测卫星，到目前为止人类发射探测金星的飞船已达 40 艘。在早期美苏竞争，金星探测飞船多是两国竞相发射的。随着人们对金星越来越了解，近些年来人类探测金星的科学目标愈加理性和明确。

当前，除美国、俄罗斯外，其他国家和地区也开始竞相开展金星探测计划，如 ESA 发射的“金星快车”（venus express）探测器和日本发射的“晓计划”（Venus Climate Orbiter）。

3. 小天体（小行星和彗星）探测的历程

1）小行星的探测历程。①截至 2003 年 11 月，共有已编号小行星 73 636 个，多次回归而未正式编号的小行星 96 225 个，正式命名的小行星数目已达 11 008个。②空间探测的发展拓宽了小行星的研究范围，空间探测可使用雷达、多波段光谱仪对小行星表面作详细测绘和成分分析，甚至可以直接采样返回。③从小行星的探测历程来看，主要经历的是飞越探测，在接近小行星时探测小行星的大小、质量、光谱特征、表面形态及物质组成，而未来小行星探测主要集中在小行星表面采样返回，为回答小行星的形成和演化提供基本资料。

2）彗星的探测历程。很多环绕地球的探测器（如哈勃太空望远镜）已得到彗星的辐射谱资料。太空飞船真正近距离探测彗星始于 20 世纪 80 年代，至今已发射了 14 艘飞船对彗星进行探测。彗星探测主要集中在三个方面：①彗星及其核的大小与形态；②彗星的物质组成；③彗星与太阳风及太阳能量粒子的相互作用，以及对空间环境的影响。

星尘（stardust）计划主要是获得高速飞行的彗星在空间短期残留的尘埃，然后测定其化学组成。而细致的研究，需要采集大彗星体内的物质，最好能直接获取彗星核的物质。彗星采样返回（CSSR）计划可以得到彗星有机物和非冰态矿物，然后返回地球，可以获得彗星的元素、同位素、有机质及矿物等方面的资料。这项探测计划是第一次直接采集彗星样品，并得到有机质和非挥发分的信息，将为生命形成以前有机质的化学组成和结构特征提供最重要的资料。

（二）关键科学问题

本优先领域的关键科学问题是火星、金星上是否存在地外生命，具体包括如下四个核心科学问题：①生命存在的极端环境和条件；②火星和金星上是否曾经存在生命，目前是否存在生命？③小行星与彗星的联系：含碳小天体母体中有机质的起源、小天体母体中含水矿物的来源、微小天体的起源等；④小行星和彗星与地球生命的起源、小行星和彗星撞击地球诱发环境突变和生物灭绝的联系。

（三）发展目标

开展我国首次火星、金星及小天体探测工程，开展火星、金星气候变化与大气圈演化、评估火星，以及小天体过去和现在的生命存在环境等与地外生命物质及其存在相关科学的研究，探索地外生命存在的前提，以及小行星和彗星撞击地球诱发环境突变和生物灭绝的联系。

（四）重要研究方向

本优先领域的重要研究方向包括以下12个方面。

1. 火星大气的起源和演化及其控制因素

火星的质量只有地球的1/10。所以火星的大气很稀疏，平均表面气压仅700帕，不到地球海平面气压的1/100。火星表面各处的实际气压因地而异，随季节变化，最大气压仅为1000帕。

火星大气的化学成分和物理状态、气候变化和过去可能存在的生命活动的相互关系、大气圈的起源和演化及其控制因素，是目前火星探测的一个重要科学问题。

2. 火星不对称地貌形成和演化的驱动机制

火星表面的形貌类型包括风蚀形貌、撞击作用形貌、火山作用形貌、“水成”形貌等。

火星的地形分布明显不对称，南半球一般都比北半球高。火星表面的2/3都是古老的、撞击坑非常密集的地形，其面貌与月球高地非常相似，最大的不同在于火星上分布有无数网络状的“河谷”系统。撞击地形覆盖了火星南半球的绝大部分，并以舌状扩展到北半球330°E地区。火星的其他部分多为撞击坑稀少的平原，与月海相似，该类地形主要分布在火星北半球的高纬度地区，尤其是Tharsis和Elysium火山省。

火星上分布有巨大的盾状火山，其中大部分分布于两个大的火山省Tharsis和Elysium上。

火星地貌的不对称特点的形成和演化的驱动机制是目前火星探测的一个重要科学问题。

3. 火星可能存在的水的来源与分布

火星可能存在的水可以为生命演化提供环境。通过探测火星上可能的水流遗迹，搜寻现在火星上存在水的证据，系统研究火星可能存在的水的演化，包括水的赋存形式、分布、总量、逃逸过程，及其与类地行星和陨石的情况进行比较。回答火星过去是否曾经有过水，水的来源，现在是否有水及其分布状况等问题。

4. 过去可能存在的火星生命及其生存环境

有关火星存在或曾经存在生命的问题，争议很大。但有一点应该充分认识：水只是生命存在的一个必要条件，并非充分条件，所有的推论都将有待于最直接的证据，即能否直接找到火星生命或其化石。探测火星甲烷的分布和演化历史，寻找火星生命存在的线索。对过去可能存在的火星生命及其生存环境的探索是目前火星探测的一个热点。

5. 火星空间环境存在的科学问题

1）距日心 1.52 AU 火星轨道处太阳风等离子体的性质。在距日心 1.52 AU 的火星轨道处太阳风等离子体的性质可以通过 1 AU 处的太阳风参数外推得到。

2）捕获 O^+ 的损失机制。在火星磁尾探测到丰富的捕获 O^+ 通量。太阳风与火星相互作用造成行星离子的损失。这种捕获离子的损失机制目前尚不清楚。

3）火星磁层的性质。包括火星的向阳面磁层顶及舷激波，火星的磁尾，火星的内禀磁矩。

4）火星电离层的结构。探测结果表明，火星上存在着电离层，但其高度较低，分层结构与地球不同，与太阳周期性变化及火星尘暴存在相关性。

6. 金星磁场和等离子体环境

太阳风与金星大气的相互作用包括金星感应磁场的分布和变化，等离子体的主要分布区域和物理特性，金星等离子体边界层的形成、大小及其动力学过程等。

7. 金星电离层特性

获得高时空分辨率的金星电离层结构，研究金星顶部电离层等离子体（氧离子）的变化特性。

8. 金星大气与闪电特性

通过对电磁波的探测获得金星的闪电信息；利用掩星数据获得金星大气的温度剖面；利用照相机获得金星云图，提取大气运动信息等。

9. 金星地质构造演化

研究金星表面地形和浅层地质构造；通过对探测器的精密定轨，研究金星重力场、自转的变化等；通过雷达探测，研究金星表面地形、温度和热流；通过磁场观测，尝试分离和获取金星内禀磁场。

10. 小行星中是否存在水

与地球相比，小行星的比重明显偏低，与碳质球粒陨石相似，它们可能含有20%的水。S型小行星的比重很低，而它们的反射光谱并不显示有含水矿物。寻找含水矿物，确定小行星内部的含水量是小行星研究中一个重要科学问题。

11. 探测小行星的化学成分，建立小行星和陨石之间的联系

长期以来，人们试图寻找小天体与陨石的关系，如果能确定某种陨石来自某一特定类型的小行星，那么研究这些陨石样品就能了解这类小行星的形成、内部分异和演化历史。应用红外光谱仪、X射线光谱仪和γ射线光谱仪，测定不同光谱类型（如S型、C型、M型）的小行星表面的化学成分和矿物组成及全球分布规律，确定与已知陨石类型之间的直接联系。开展小行星有机化合物的获取和研究。

12. 探测彗星表面生命元素和有机物的组成

五、复杂流体行为的微重力研究

（一）背景与意义

“复杂流体”是处于理想流体和固体之间的复杂体系，一般指的是非单一相的、常包含介观尺度的微粒、可形成某种内部结构的流体，在自然界、生命体系、日常生活和工业技术中广泛存在。流体在自然界中，大都以复杂流体的形式存在，只是复杂的程度不同，许多情况下可以当做简单流体处理。“复杂流体”又称“软物质”，其称呼不同缘于地域差异，如在美国更多地使用“复杂流体”，而在欧洲则多叫“软物质”。简单液体不会形成一定程度的有序结构，很难在外界作用下引起结构的变化而导致性质的变化，因此，简单液体通常不视为软物质。与简单液体相比，复杂流体中除了平移自由度外，至少还有一个或更多的其他自由度。例如，对于柔韧聚合物，会出现附加的构象自由度；而对于液晶，则存在附加的取向自由度。因此，附加自由度通过自组装形成有序的结构，与此相联系的熵（如构象熵或取向熵）与其他相互作用竞争会使得复杂流体结构研究变得非常复杂。

复杂流体的研究对象涉及面很广，如胶束、微乳液、乳状液、泡沫、胶体悬浮液、聚合物、颗粒物质、血液、细胞液等一大类生命物质。这些体系通常由固、液、气集团或大分子等基本组元组成，而体系的特性又在很大程度上与

这些组元特性相关。复杂流体组成复杂，它的运动并不由其组成单元中的原子或分子尺度的量子力学作用决定，主要是涨落和熵导致体系的复杂物相变化，这些驱动作用比原子或分子间键能弱得多，表现出“软”、“易变性”和“复杂性”。而且，它们常常是处于非平衡态，用平衡态热力学和统计力学处理软物质系统时经常遇到困难。体系的这种复杂运动，支配着我们常见的许多物质的形成和变化，呈现出与一般固体和流体不同的特性。已有的物理学知识尚不能很好地解释体系的复杂运动规律。因此，近年来对复杂流体（或软物质）的研究受到广泛重视，已成为物理学的新学科。

复杂流体与纳米技术、生物技术、凝聚态物理、化学、材料科学、环境科学等有着天然的联系，是一门跨越物理学、化学、生物学、力学等学科的交叉学科。当前，国际微重力科学研究有很大比例的内容与复杂流体相关。开展复杂流体的微重力研究的必要性在于：地面常重力环境中的静压梯度、分层、沉降、对流等重力引起的效应常会掩盖复杂流体自身的行为特征，而只有在微重力条件下才可以避免重力的干扰，更清楚地认识复杂流体的本质性规律。复杂流体在人类生活中无所不在，更是人类深空探测不可避免的使用和操作物质，研究微重力下复杂流体的行为对未来空间探测更具实际价值，因此复杂流体行为的微重力研究应该是我国的优先发展领域。

国际上，复杂流体的微重力研究是从20世纪90年代开始的。涉及的内容包括聚集过程、胶体体系的自组织、胶体的无序-有序相变（胶体晶体）、泡沫、等离子体尘粒晶体、磁（电）流变流体、颗粒物质、乳状液、石油组分热扩散特性等（Committee on Microgravity Research and National Research Council，2003；Seibert et al.，2001）。

（二）关键科学问题

近年来，胶态晶体的研究已成为前沿热门课题。对胶体晶体生长规律的研究，实际上是用放大了几个数量级的胶体粒子代替通常晶格点阵上的原子，使得研究对象从空间和时间尺度上都有很大提高，便于观察研究，且可用的测量手段也丰富多样，从而开辟了认识晶体生长过程的全新途径。长期目标是驾驭其生长过程，以开发新材料。特别是从组合或结构上出发，生产出具有特殊物理和光学性能的新材料。同时，把胶态晶体的生长过程作为模型，最终实现把结构和功能直接联系起来的所谓“胶体工程”的目标。另外，从实用角度来看，胶体粒子通过自组装形成胶体晶体，提供了一个制备具有可以控制结构和特性的微纳米器件或具有特殊物理和光学性能的新材料的直接途径。对于胶体晶体的形成，关键科学问题包括硬球和带排斥或吸引作用粒子形成有序结构的机制和特征，带电粒子与硬球粒子在形成晶体时有没有等效性，不同颗粒尺寸的粒子有序化过程中的熵与其他相互作用的关系等。对这些问题的认识对包括原子和分子晶体在内的晶体形核和生长理论的发展具有重要科学价值。

对于泡沫材料，决定泡沫形态和特性的两个重要因素是排液（drainage）和粗化（coarsening），弄清排液和粗化是怎样进行的是理解泡沫在许多重要应用中性能的关键。对于泡沫材料的形成，关键科学问题包括泡沫的稳定性与构成泡沫边界体的黏度、内部压力的关系，无排液和无泡沫流动时的聚并与粗化机制等。这些科学问题的解决对理解泡沫体的形成与稳定、泡沫尺寸的控制及新型泡沫材料的研发等具有重要基础和应用研究价值。

颗粒物质是指由大量离散的尺寸大于微米的宏观固体颗粒组成的体系，这类体系在自然界中无处不在，与我们的日常生活环境、生态、生产和运输等休戚相关，对其静力学和动力学的研究具有深远的意义。颗粒之间的相互作用以摩擦与非弹性碰撞为主，这类耗散性质的相互作用使得颗粒体系总是处于非平衡态。这样的多体复杂系统具有非常丰富的物理现象，人们对其特性和机制的了解还十分有限，仍局限于经验公式。它们的物理行为既不能用一般的固体来理解，又不能用一般的流体理论来解释，颗粒间的相互作用具有非线性的性质，系统充满着不稳定性。颗粒物质体系研究的关键科学问题包括均匀与非均匀体系颗粒分聚的动态相转变物理机制，微（弱）重力环境中颗粒堆积体对外力（如冲击、剪切）响应（形变与崩塌过程等）特性等。对这些科学问题的认识将为理解颗粒体系的相变机理，为发展颗粒物质在不同条件下输运理论提供依据，也对地面指导改进矿物冶炼和提取工艺、预防和治理泥石流等自然灾害具有重要应用价值。

在环境科学及工业应用中，胶体粒子的聚集过程及稳定性的控制都有广泛的应用前景。胶体粒子的聚集过程在胶体科学中占有极重要的地位，对它的深入研究既有深刻的理论意义又有广泛的实用价值。在废水处理、生物学、药品生产、江河中泥沙沉降、环境科学等方面都有不可忽视的应用背景。对胶体粒子聚集过程的研究已有很长的历史，包括粒子的聚集动力学、聚集和稳定性的影响因素等方面的理论、实验和计算机模拟工作。粒子聚集产生的聚集团还具有分形结构。而聚集特性的改变、粒子的关联又会明显地影响流体的流动特性。由于地面上的实验都无法摆脱重力的影响，20 世纪 90 年末代 ESA 科学家 Folkersma 等分别利用探空火箭创造的微重力条件（包括用密度匹配法去除沉降影响的“模拟微重力”），对直径为 2 微米的聚苯乙烯胶乳球的聚集行为进行了一系列实验。发现微重力条件下聚集速率比重力条件下快 10 多倍，然而他们的实验发现并没有得到普遍支持。

（三）发展目标

尽管复杂流体包括多种多样的体系，表现出共同基本特性是对外界小作用的大响应和自组织（装）行为。这些特性的根源在于其组成单元作用能低，约为 kT，比一般固体和液体中原子或分子间作用能弱得多。因此，地面常重力环境中的静压梯度、分层、沉降、对流等重力引起的效应常会掩盖复杂流体自身的行为特征，而只有在微重力条件下才可以避免重力的干扰，更清楚地认识复杂流体的本质性规律。在排除重力干扰的情况下，人们可以更好地了解、控制和预言复杂流体在地面上的行为。除研究重力对物质本征行为机理研究之外，更重要的是，在未来深空探测活动中，复杂流体是人们必不可少的使用和操作物质，复杂流体行为的微重力研究可以为此提供科学基础，并积累技术经验。

胶体晶体的研究不仅对包括原子和分子晶体在内的晶体形核和生长理论的发展具有重要科学价值，而且对新材料（诸如半导体材料，光电材料，陶瓷和组合材料）的发展也具有重要应用价值。泡沫、颗粒物质，液晶及分散体系聚集行为的研究也都具有各自的理论意义和实际应用价值。

（四）重要研究方向

本优先发展领域的重要研究方向包括以下五个方面。

1．胶体晶体

在胶体晶体的研究中，基本应用了两种不同的胶体粒子体系。一种是硬球粒子体系，另一种是带电粒子体系。硬球粒子体系的特点是其相变完全由熵驱动，处理起来简单。但是，硬球粒子体系的体积分数要达到很高时才能形成胶体晶体（>0.494 开始结晶，>0.545 完全形成晶体）。带电粒子体系由于电排斥，可以在比硬球粒子体系低得多的体积分数下形成晶体（可以低到只要 0.1%～0.2%），所以比硬球胶体晶体更易于观察和研究，而且带电粒子相互作用力的强度可以按需要调节改变。

当胶体中存在聚合物时，粒子之间将可能产生“空缺力”，它可以产生吸引（depletion attraction），但又不致造成粒子的聚集。这种吸引力可以使硬球的相变行为变得十分复杂。其优点是，相互作用势的范围和强度可以由改变硬球与聚合物的大小的比例及聚合物的体积分数来控制。相互作用势的可调性使得相图也变得更加丰富多彩。因此空缺吸引力是研究吸引相互作用粒子的理想方式，它为研究具有长程吸引势和很短程吸引势的相变提供了方便的条件。这种由空缺吸引作用产生的胶体晶体，可以在比硬球胶体晶体低很多的体积百分比下形成，它的结构、形态和生长动力学也很不同。

在最近10多年中人们对胶体等离子体晶体十分关注，这类胶体晶体又被称为“等离子体尘粒（plasma dust）晶体”。除了包含电子、离子和中性气体分子外，这种体系中还有尘粒存在，被称为复杂（或尘粒）等离子体。悬浮在等离子体中的尘粒会通过与电子和离子的碰撞而获取电荷，尘粒获取的负电荷量可在103～105e的范围。在从星云到等离子体加工等各种等离子体环境中，几乎都包含尘粒。在半导体制造业中，对于某些重要的工序，如等离子体蚀刻和等离子体沉积工序，尘埃微粒的污染会明显降低产品的成品率。此外，带有尘粒的等离子体还广泛存在于行星环、彗星环境，以及地球的电离层和磁气圈中。目前讨论得比较多的典型的情况是悬浮在气体（如氖气）放电等离子体（电离度约10^{-6}）环境中的直径在1～10微米范围的尘粒。尘粒的自重会使可能形成的结构坍塌，在重力条件下很难保持完整的结晶结构。为了克服重力的影响，可以采用电场使尘粒悬浮。当然，最理想的是在微重力条件下进行实验。与在地面观察到的情况不同，在微重力条件下，对以单分散微球为尘粒的等离子体的研究结果显示其具有三维结构。

建议研究的问题有以下10个方面：①硬、软球体系胶体晶体的成核、生长、形态演化和生长动力学特点；②带电粒子与硬球体系等效性研究，颗粒表面带电胶体体系的有序无序转变机理；③重力与剪切等因素对生长速率影响的研究；④多元胶体晶体的成核与生长机理、结构表征；⑤胶体玻璃态；⑥制备大块单晶胶体晶体的途径；⑦空缺吸引胶体晶体的结构、形态和生长动力学；⑧胶体晶体固定化的研究；⑨胶体等离子体晶体，结构、形态和生长动力学特点；⑩自愈合（或自修复）材料。

2. 泡沫动力学和泡沫材料

泡沫材料包括液态和固态泡沫，几乎随处可见。在日常生活中有常用的洗涤剂、灭火剂、食品（如面包、巧克力、冰激凌）等；在工业应用中，泡沫也应用在选矿和油田的驱油中。近年来，金属泡沫或金属多孔材料的研究得到迅速的发展，它是一种物理功能与结构一体化的新型工程材料，它所具备的多种优异物理性能特别是阻尼性能已引起广泛关注，并在消声、减震、分离工程、催化载体、屏蔽防护、吸能缓冲等一些高技术领域获得了广泛应用。此外，泡沫在吸收和降低污染等方面也大有用场。

决定泡沫形态和特性的两个重要因素是排液和粗化，弄清排液和粗化是怎样进行的是理解泡沫在许多重要应用中性能的关键。排液的过程就是液体向构成泡沫的三维网络结构的 Plateau 边界流动的过程，是个复杂的、涉及许多因素的物理过程，如毛细作用、重力和黏度。这个过程在研究泡沫的寿命方面是十分重要的。在地球上，重力是泡沫排液的主要原因，排液使泡沫变得不稳定，流变性质也会发生改变。因而，在基础研究和工业应用中对排液的认识都很重要。泡沫的弹性特性很特别，尽管除了百分比不多的液体外，它们的主要成分是气体，可是仍可以具有类似于固体的弹性，并且在剪切作用下还可以流动。从微观结构和动力学来看，现在还不是很了解泡沫这种流变学特性的物理原因。对此问题的认识可能对理解其他一些体系（如较高浓度的乳状液、胶体悬浮体、泥浆、多泡的液体以及颗粒材料等）也具有重要意义。从泡沫应用上来看，至今大都是基于经验的。对泡沫的研究对于发展既具有所希望的流变性质又比较稳定的材料来说，也可能具有指导意义。

建议研究的问题有以下八个方面：①研究发泡液体的泡沫产生的应力、剪切、膨胀模量及黏性作为气体体积比的依赖关系，包括从“干”泡极限到“湿”泡极限；②研究泡沫不寻常的弹性特性与其微观结构和动力学的关系；③研究湿泡沫（即含液量高的泡沫）和金属泡沫在无任何重力干扰时的起泡过程；④研究在无排液、粗化、流动时的聚并现象；⑤研究泡沫不寻常的弹性特性与其微观结构和动力学的关系；⑥含颗粒的泡沫膜的制备与界面张力，颗粒界面吸附动力学，颗粒润湿性与消泡；⑦颗粒形成的“干”泡；⑧泡沫材料，金属泡沫。

3. 颗粒物质

当人们要长时间进行空间旅行及生活，需要在无重力情况下生产所需食品或生活用品时，对颗粒物质本征行为的认知是极其重要的。在空间环境下，颗粒如气态悬浮存在，非弹性碰撞引起的能量损耗，颗粒体系有聚集现象，这是气体分子系统所没有的，所以即使是一个简单的颗粒系统也很难描述，空间实验的观察数据变得尤为重要。对微重力环境下颗粒物质运动的本征行为研究在基础物理与太空探测中都具有很大的意义。

同时颗粒的运动行为在太空勘探中亦扮演重要角色。火星表面常年暴露在沙尘暴中。建立任何结构于火星表面均须能抵挡住大量的沙暴。月球土壤有充足的氧元素，可以用来维持月球勘探。实现这些元素的抽取必须要对这些土壤进行某种操作。欲得到有效并且长时间操作的装置，对颗粒流的精确控制是至关重要的。空间操作允许的误差远小于地面的同等实验的要求。因此空间勘探急需我们改进现有的对颗粒流动的基础认识。

人类深空探测需要解决在弱重力（月球表面）或微重力环境下物质的输运与操作，航天器登陆及基地建设对月球表面冲击的评估等弱（微）重力下颗粒物质的输运，固体对沙床的冲击等关键科学问题。

建议以研究颗粒运动本征行为为目标，以小幅振动、剪切和撞击驱动为实验手段，观察颗粒的分聚现象，寻找动态相转变临界条件，以期得到颗粒介质运动行为及相转变机理。

建议研究的问题有以下五个方面：①研究在振动驱动下，颗粒体系由碰撞产生耗散的动力学和统计力学问题，探索边界效应的影响，研究不同极限情况下颗粒系统的运动情形；②研究当颗粒体系受到不同条件的振动时是否可以保持一个稳定的物理状态，目的是了解颗粒体系的长时间演化特性；③在微重力环境中，振动驱动颗粒的输运特征，及研究两种颗粒混合的分聚现象及其动力学；④研究微（弱）重力下运动物体撞击颗粒床受到的阻力形式，以了解航天器登陆及基地建设对月球表面的冲击；⑤研究在微（弱）重力环境中颗粒对剪切力响应。

4. 液晶材料

液晶作为一种新的科技材料已有广泛应用。目前发现的液晶材料中，绝大多数是有机物或有机金属化合物，而非球型（片状、棒状等）无机纳米粒子通过体相自组织形成的无机液晶材料种类稀少。有机液晶的缺点是热稳定性差，受外界影响较大。与之相比，无机液晶的结构单元富电子，具有更强的热稳定性及光、电、磁性能，其出色的耐温性使其可应用于更苛刻的高温条件，因而具有潜在的应用前景。

在液晶相变过程中，就粒子本身而言，影响相变的一个重要因素就是粒子尺寸的多分散度，荷兰 Van’ t Hoff 实验室就粒子多分散度对相变的影响进行了研究，发现对于同一种体系，当体系中粒子分散度很大时，在任何浓度下均不发生相变；当体系中粒子低于某一分散度时，体系由原来的 I-N（isotropic-nematic）两相共存变为 I-N-C（isotropic-nematic-columnar）三相共存。粒子的尺寸不均会造成沉降速度不同，因而难以达到一个平衡状态（即相变平衡）。文献中报道，在多分散体系中，尺寸的不均一，使得体系产生分级效应，从而难以观察到理想的相变。因此如果在微重力的条件下，粒子可能在较大的分散度下发生相变，从而也为研究粒子之间的相互作用力提供了有力的依据。

无机液晶材料一般密度较大，重力沉降使得无机非球形颗粒分散体系不能在较大的范围内达到均匀分布，给液晶相变过程研究带来困难，因而在微重力下研究体系的相变有着重要意义。通过对无机液晶体系中基本粒子单元间相互作用及影响因素的研究，掌握体相中粒子自组织液晶相变过程的科学规律和调控机制，为地面重力环境下大范围均匀液晶相的制备提供理论和实验依据。

建议研究内容有以下六个方面：①各向同性胶体粒子体系中无机液晶相的

形成与相态演变；②粒径多分散的无机液晶体系中的相分离与粒径分级；③非吸附聚合物所致空缺作用对无机液晶体系溶胶-凝胶转变、液晶多相性的影响；④重力对无机材料液晶多分散性的影响；⑤Onsager 理论的验证；⑥具有磁场或电场等响应性的新型无机液晶材料。

5. 分散体系的聚集行为

无论是理论还是实验，对于扩散限定的聚集（DLCA）和反应限定的聚集（RLCA）两个极限情况具有一定的普适性，即与胶体类型或团粒间的结合键的性质无关。这就是所谓的聚集的普适的分维结构或标度不变性。然而，这一观点存在严重问题。首先，计算机模拟没有考虑到聚集团的变形或流体动力学的影响。其次，地面实验受沉降的影响，不同大小的团粒沉降速度不同。微重力实验排除了沉降影响，因而相应的微重力实验对于肯定或否定人们当前对胶体聚集动力学的理解十分重要。ESA 的科学家已把聚集的普适的分维结构相关的空间实验列入可能的研究内容。

建议研究的内容有以下五个方面：①重力对聚集速率的影响；②流体力学相互作用对聚集的影响；③多分散性对聚集过程的影响；④扩散限定的聚集和反应限定的聚集的分维结构是否具普适性，是否受重力的影响；⑤颗粒粉尘扩散和聚团现象的规律的研究，重力沉降的影响。

六、空间大地测量理论、方法与技术及其地学应用

（一）背景与意义

空间大地测量新技术的出现，促进了大地测量学与固体地球科学中其他学科的交叉与渗透，为人类从更精细、更深入、更定量化的角度认识地球，解决以往难以解决的关于地球科学的许多基础性科学问题提供了可能。传统大地测量学的主要研究内容是利用地面光电测绘仪器确定静止状态下的地球形状、地面和空间点的位置。随着人造地球卫星的成功发射，GNSS 的布设，测高和重力卫星的研制成功，空间大地测量技术得到了迅猛的发展。测量的精度从米级提高到厘米和毫米级，相对定位精度由 10^{-6} 提高到 10^{-9} 量级；测量的准确度和可靠性提升到更高水平；测量时间大大缩短；测量的分辨率也有大幅度提高。因此，随着空间大地测量发展，大地测量学的研究范围已从静态扩大到动态，从地基扩展到天基，从陆地和海洋延伸到空间，从局部区域拓展到整体全球。空间大地测量技术不仅能以毫米级的精度测定地面和空间的位置，为航天和国防提供高精度的测绘保障，而且能测定它们随时间的变化，进而可研究地球的运

动，以及地球内部动力学过程，如板块运动、构造、地震活动、地球自转变化和海平面变化等，从而使我们可从地球动力学角度开展与大地测量有关的基础性、前瞻性问题，以及地球和空间环境变化等的研究。

随着国民经济的持续高速发展，未来20年是我国资源、能源、灾害监测等领域大规模基础设施建设的高潮期。我国自然灾害多发，随着经济的飞速发展，社会易损性迅速增加。2001年年末，昆仑山8.1级地震揭开了中国内地21世纪地震活跃期的序幕，2004年印度尼西亚9.3级地震和2005年巴基斯坦7.7级地震，特别是2008年汶川8.0级地震（Zheng et al.，2009；Diao et al.，2009）进一步预示了我国严峻的地震形势；我国水资源严重匮乏和水灾频发并存。

为此，“九五”期间，国家建立了重大科学工程“中国地壳运动观测网络”，使我国在该领域达到20世纪末国际先进水平，在减轻灾害、地学研究、国防建设、国民经济建设等方面发挥了显著效益。“十一五”期间，我国将建设“中国大陆构造环境监测网络”，为地震预报提供覆盖中国大陆及周边邻区高时空分辨率的地壳运动图；为国防建设提供精密和实时快速的军事测绘保障，以增强军队快速部署和战略武器的打击能力；为建立和维持国家大地测量动态基准和灾害性天气预报所需实时水汽观测提供技术支持。

我国航天事业的发展及国防安全都离不开大地测量技术的支持，国家一系列重大项目的启动和实施，涉及诸多空间大地测量的研究领域，如我国的第二代北斗导航卫星系统的建立，低轨卫星的精密定轨，多种导航卫星系统的联合定位，多种卫星群的编队飞行、空间站的对接、绕飞等航天活动的精确位置的确定，我国重力卫星的顶层设计与前期研究，高分辨率和高精度的地球重力场模型，重力辅助无源导航系统实现潜艇的无源导航；海洋二号测高卫星资料的处理及在海洋动力环境中的应用，国家大地水准面的精化等。

美国、日本和欧洲等先进国家和地区的科研规划都明确阐明了大地测量在日地空间、大陆动力学和地球深部探测中的重要学科地位，我国科技部和国家自然科学基金委员会也在发展战略规划中明确提出了相应的内容。国际大地测量学与地球物理学联合会（IUGG）、国际大地测量协会和国际天文联合会（IAU）等机构和组织利用全球的GPS、SLR、重力和地震观测网络，已组织众多国际合作计划，如国际大地测量协会的GGOS计划，开始重点研究和解决大陆动力学和地球深内部物理中的一些科学问题。进入21世纪，有望在以下三个关键科学问题的研究方面取得突破性进展：地球系统质量分布与迁移、构造块体和断裂带的构造运动及大陆动力学、地球内部圈层间的相互作用与动力学过程和机制。

当前，发达国家的空间大地测量学研究集中在发展精密的定位技术和重力场测量技术，推进在相关领域的应用研究。在精密定位方面，美国已成功地建立了 GPS 并进一步实现扩频；俄罗斯建成了 GLONASS 系统；欧盟即将建成 GALILEO 卫星系统；我国正在建立第二代北斗卫星导航系统。各国还布设了连续跟踪观测的 GNSS 网络。国际大地测量协会主持的 IGS 成功地对地壳运动进行了实时的精密的长期监测，获得大批对地观测成果。近年来还发展了 GPS/INS（惯性组合导航）系统，以及联合 GPS 和 InSAR 技术，实现了对地表运动的实时和全面监测，为大陆动力学研究提供重要的地表约束。此外，卫星测高技术发展迅猛，在确定海底地形、精化海洋重力场、监测海平面变化和海洋环境方面，取得重大进展。我国“海洋二号”测高卫星已立项研制，2011 年发射升空。近几年来，欧美成功发射的 CHAMP、GRACE 和 GOCE 三类重力卫星，在提高地球重力场中长波长的精度、监测陆地水储量变化、冰质量非平衡监测、海平面变化和冰后回弹的研究中均取得了突破性进展。

近 20 年来，我国的空间大地测量学研究在巨大的国家需求和科学前沿项目的推动下不断发展，取得了丰硕的成果。以中科院、国家地震局、国家测绘局、总参测绘局和教育部等相关部委的科研院所为主，利用国家攀登计划、重大科学工程、973 计划、863 计划、国家科技攻关计划、国家自然科学基金项目和国际合作的支持，围绕空间大地测量学的基础理论问题和空间大地测量技术在测绘、航天、资源和环境等应用领域中的关键应用基础理论和技术难题，通过空间大地测量学与地球动力学等学科交叉，在复杂地球模型的动力学模拟（潮汐、地球自由振荡、地震形变和冰后回弹）、地球重力场和大地水准面的精化、GPS、SLR 和 InSAR 地壳运动的监测、卫星测高、卫星重力监测陆地水储量、冰质量平衡、海面地形和海洋动力环境等方面，形成了具有中国特色的研究方法与理论体系，在国家基础测绘、航天、国家安全和社会可持续发展中起到重要作用。

但是，在发展民用卫星导航系统、建设多卫星测绘体系和组合大地测量技术、发展精密定轨软件系统、建设空间和地面大地测量综合平台、研究青藏高原隆升和力学机制等方面，与国外发达国家先进水平相比，仍存在较大差距。国家坐标基准的实现依赖于美国 GPS 定位技术，安全性和可靠性有待提高。

我国自主的空间大地测量卫星技术系统的缺乏，不仅严重限制了我国空间大地测量学重大原创性成果的产出，也极大地影响我国相关高新技术产业的发展和国家安全建设。我国必须在继续跟踪国际空间大地测量学及空间大地测量技术发展前沿的基础上，推动我国重力卫星等自主空间大地测量技术支撑系统的建设。为此，一方面，要尽量获得最新的重力卫星（GRACE 及 GOCE）、测高卫星（如 Jason-1、2 及 ICESat 等）、InSAR 及连续跟踪及高频 GPS 等资料，开展空间大地大测量理论方法与技术及地学应用研究；另一方面，要在上述研究基础上，结合我国科学发展、国家建设和国防安全需求以及我国的现有技术条件，推动和开展我国重力卫星等空间大地测量重大自主技术系统的模拟仿真和顶层设计研究。

空间大地测量理论、方法与技术对于地球科学发展的许多基础科学问题研究，以及推动科学发展、提高生活水平、改善生存环境、提升防灾减灾能力等诸多方面，都能够发挥独特的、不可取代的重大作用。随着人类社会发展的需求日益增长和丰富多样，特别是我国快速发展高科技和加强国家安全建设等重大战略任务需求的增加，我国迫切需要在已有的成果的基础上，把握国际空间大地测量发展的新的历史契机，渴望取得重大原创性成就，并通过支持本优先发展领域，力求实现我国在未来10年空间大地测量与空间地球科学领域的整体研究水平进入国际先进行列，为我国的社会发展、国家建设和国防安全做出应有的重要贡献。

（二）关键科学问题

本优先领域的关键科学问题是空间大地测量精度、可靠性及分辨率的提升及其地球科学应用效能的拓展，具体包括五大核心科学问题。

1）重力卫星系统的时空分辨率：如何提高新一代重力卫星系统的测量精度，以及时间和空间分辨率。

2）地球系统质量运移与交换过程：定量刻画大陆地表湖泊、河流、土壤水分和地下水变化、海平面升降及冰川增融等地球系统各分量之间质量迁移和交换进程。

3）GNSS卫星定轨：如何利用区域布设的跟踪站来实现GEO、MEO卫星的精密轨道确定及轨道预报；如何实现及利用星间链路技术，进而实现导航卫星自主定轨；如何实现多系统多频GNSS高精度的定位与定轨。

4）大地坐标系与参考框架及数据融合：我国大地坐标框架的点位归算、维持与更新；地壳板块运动、局部形变和地心运动的表示；空间大地测量信息的严密融合与提取。

5）地震的大地测量监测：如何利用高频或超高频GPS获取地震发生时地面的快速运动并进行震源反演；InSAR测量信息的质量控制；如何联合GPS和InSAR确定地壳形变三维动态位移场、速度场和应变场；如何探索地震发生的形变前兆；如何根据GPS和InSAR得到震后的地表形变信息，确定地下介质的力学性质和物质成分；如何综合GPS、InSAR、重力以及地震等资料，确定不同空间和时间尺度上的地球动力学机制和地下结构信息。

（三）发展目标

以提升现今空间大地测量监测能力、拓展其应用领域研究为基础，形成有我国特色的空间大地测量理论与方法体系，取得有国际影响的重大原创性成果，推动和开展我国卫星重力系统模拟与顶层设计，加强基于空间大地测量的高精度地球重力场、深地球内部动力学、地表系统质量分布与运动、地壳运动与地震活动及卫星精密定轨定位等一系列本学科及交叉领域的前沿科学与技术问题的研究。针对国家科技发展需求，加强空间测地技术的创新和集成，解决国防军事测绘、国家大型工程建设以及环境灾害监测中的重大理论和关键技术问题，为国家安全、社会可持续发展和地球科学研究做出基础性、战略性、前瞻性的重大贡献。

（四）重要研究方向

本优先发展领域的重要研究方向包括以下五个方面。

1. 重力卫星系统关键技术

目前美欧联合实施的GRACE重力卫星，其反演重力场的内符精度是：静态场，分辨率270千米，1厘米精度；时变场，分辨率800千米，1毫米或0.2毫加仑精度，并没有达到预期的设计要求，GRACE的主要弱点是空间分辨率不够，无法与目前气候模式的分辨率相互匹配（100～300千米），因此具有进一步提升的空间。综合地学以及测绘研究的需求，要求重力场的精度应达到：静态场，100千米，1厘米精度；时变场，200～400千米，1毫米或1～10微加仑精度。为此，在GOCE卫星计划完成后，静态场将基本满足需要，而在时变场方面，还需在GRACE卫星的基础上，进一步提高分辨率和精度。为了迎头赶上国际空间大地测量的发展潮流，我国急需建设自主的重力卫星系统。以需求与应用以及我国卫星重力技术的状况为出发点，通过重力卫星观测模式、轨道设计、有效载荷指标仿真模拟研究，提出我国特色重力卫星观测系统建设与发展的建议，并研制出独立自主的重力卫星观测资料处理、高精度地球重力场恢复与应用分析软件。其中重点在于：对后GRACE卫星星座组合作数值模拟研究，研究更完善的重力卫星测量模式及仿真系统，研究一步法解算重力场的方法及软件，重力卫星地面系统建设的预研究。

后GRACE重力卫星主要关键问题研究包括四个方面：①后GRACE系统的设计；②多种重力数据联合处理及变化；③局部重力场的精细反演理论和方

法；④GOCE卫星的处理与反演。

2. 地球系统的质量运移及物质交换

地球系统质量运移包括大陆地表湖泊、河流、土壤水分和地下水变化、海平面升降及冰川增融等，是全球变化的重要组成部分。它既受全球动力过程的驱动，又具备反馈作用，而且可以用来监测和研究全球变暖和气候变化，同时它又直接影响农业生产和计划、沿海工业和居民区的财产安全。从科学的角度来看，地表质量迁移及其固体地球对负荷变化的响应，会引起地球系统质量中心相对于地表几何中心的位移、重力场变化、地壳形变、地貌变化，以及地球自转的极移和速率变化。正是这些直接和附加的效应使得空间大地测量学站在了地表质量迁移研究的最前沿。

迄今为止，仍没有一个能够准确反映地球系统各分量之间质量迁移和交换进程的模型。得益于长期气象实测数据的积累，人类对地球物理流体中的大气运动了解相对比较清楚，然而受观测技术的限制，缺乏必要、翔实的观测资料和数据，制约了人类对海洋环流运动、陆地水变化（包括表层水和深层地下水）、冰川和冰盖融化等地球物理过程的认识和研究。卫星重力、卫星测高是监测全球与区域地表物质分布与迁移的有效方法，是监测全球变化（海平面、冰消融、陆地水储量、冰后回弹等）的有力武器。在今后的若干年中，地表水质量迁移的研究将会取得向全球覆盖、高时空分辨率及高精度定量监测的质的飞跃。

(1) 海洋动力变化（海平面变化、热含量、洋流）

全球海平面变化是气候驱动过程的重要因素之一，在气候变化研究中占有重要的地位，对人类社会和环境都有重大影响，成为全球关注的热点问题。海平面变化是海水密度和海水总质量变化共同作用的结果，海水密度则受到海水温度变化的影响，海洋变暖发生热膨胀，海水密度随之下降。海水总质量变化主要是由海洋和陆地的水交换引起的，其表面质量异常正比于洋底压力变化，可通过重力场的时变信息反演得到。测高卫星（如Jason-1、Jason-2）与重力卫星（GRACE）的结合既可以把测高海平面变化中的质量变化部分与温盐变化部分分离开来，也可以对海水的热含量变化进行估计，从而更好地揭示海平面变化所反映出的全球变化趋势，提高对未来海平面变化的模拟、预报能力。

海水质量迁移和热含量的传输主要是通过海洋环流进行的。尽管卫星测高可提供丰富的海洋动力学信息，但是由于据其确定的海洋大地水准面包含有持久的海流引起的误差信息，并不能直接利用其确定大洋环流，必须知道独立的海洋大地水准面。新的重力卫星任务（GRACE和GOCE）的成功实施，以及其提供的独立的、全球覆盖的、高精度的中长波长尺度的大地水准面，为从空间角度研究大中尺度的海洋动力学过程和机制提供了很好的机会。联合高精度的测高海面高和基于 GRACE 和 GOCE 重力卫星得到的较精确的大地水准面模型，将极大地提高我们从空间角度直接确定全球（绝对）海面动力地形和推求与其相关联的（绝对）海洋表层地转流场的能力。若将这些独立的表层流场信息与传统的海洋水文要素资料相结合，可得到三维的海洋流场。这为全面了解海洋环流提供了新的途径，也为海洋环流模式的数据同化提供所需的外部约束信息。

（2）冰原质量平衡（极区冰盖、山岳冰川）

陆地上冰雪质量是陆地水储量最主要的组成部分，占陆地淡水资源的 90% 以上。迄今为止，我们还不清楚冰川的质量是在不断增加还是减少。为了能更好地预测未来海平面变化，有必要对目前的陆地冰质量变化作更深入的了解，并且对现在的冰质量平衡进行量化。

新的测高卫星 ICESat 将提供表面高程空间分布及其时间演变的详细图片，并将覆盖目前无法达到（纬度范围）的两极地区。InSAR 可提供冰原的表层速度场，包括冰漂流的短期变化。由 GRACE 卫星确定的时变重力场可为质量重新分布提供附加约束。ICESat 卫星与重力卫星的结合将在很大程度提高冰质量平衡估计的确定性。同时，对冰质量平衡和海平面变化的研究可以揭示地球系统中冰-海洋-固体地球之间复杂的相互作用。目前和未来的空间大地测量探测研究将显著提高人类对冰质量平衡及海平面的认识。

（3）陆地水循环（水储量、径流、蒸发）

陆地水储量变化、地表水径流和蒸发是陆地水循环的主要要素，也是全球变化研究中所关注的热点之一。目前，陆地水储量变化的大尺度时空变化实际观测资料十分缺乏，只依靠少数观测结果结合物理规律进行定性或粗略定量估计，遥感卫星只能观测地表几个厘米厚度的土壤湿度。由 GRACE 卫星提供的时变重力场将实现对陆地水质量变化的检测，其分辨率在月间隔时间尺度上达到 1 厘米等效水高，很大程度上弥补了遥感卫星只能观测地表几个厘米厚度的土壤湿度、地面陆地水观测台站只能观测个别地点的陆地水储量的变化以及地表观测台站稀少等不足，使得定量研究陆地水的储量变化成为可能。这朝着确定不同时间尺度的陆地水循环迈进了一大步，为全面了解陆地水循环提供了前所未有的机遇。

地球系统的质量运移及物质交换的重点研究方向有以下三方面：

1）利用空间大地测量综合手段研究海平面、热含量、洋流等海洋动力学变化和过程。

2）研究陆地极区冰盖、山岳冰川等冰原质量平衡，以及陆地水储量、径流、蒸发等水循环过程中的重要物理参数。

3）重力卫星、测高卫星等空间大地的观测结果可用于以下各问题的研究：

全球水质量平衡，以及大气、陆地、海洋、冰盖之间的水循环；南北两极以及山岳冰川的融化；我国西北、华北等地区大尺度陆地水（冰）储量的分布变化；土壤水分蒸发蒸腾损失总量的大尺度变化；水缺乏地区的水资源管理以及水资源的合理利用；大尺度水文模型的发展与评价，改善现有的水文模型。

3. 中国第二代北斗卫星导航系统与多模GNSS

（1）中国第二代北斗卫星导航系统

第二代北斗卫星导航系统是我国自主研发建设的GNSS。为充分发挥第二代北斗卫星导航系统在空间大地测量各领域中的作用，需要对其定位、定轨与导航理论与方法进行深入研究，使其能够为空间大地测量基准维持、地球重力场研究与大地水准面精化、地壳运动监测与地球动力学等相关研究，提供足够精度的定位定轨数据。第二代北斗卫星导航系统采用MEO卫星＋IGSO卫星＋GEO卫星的混合星座。GEO卫星作为第二代北斗卫星导航系统卫星星座的组成之一，其精密轨道对用户导航和定位精度起着重要作用。因此对GEO卫星的精密轨道确定和预报也提出了很高的要求。与其他轨道类型卫星相比，GEO卫星精密轨道确定存在较大困难。目前有关GEO卫星的精密轨道确定，国内外尚没有成熟的经验可以借鉴。因此必须对GEO卫星精密定轨作专门的系统性研究，特别是对关键技术进行攻关。

第二代北斗卫星导航系统建设采用先区域覆盖、后全球覆盖的方式。在此建设过程中，将不可避免地受到来自于已建成的GPS、GLONASS以及正在建设的GALILEO卫星导航系统的竞争压力。第二代北斗卫星导航系统如果需要在国外布设地面跟踪站，将会受到很大的阻力，甚至有可能只能在国内布设地面跟踪站，这将会给第二代北斗卫星导航系统的卫星跟踪及轨道确定带来很大的影响。我们需要深入开展在国内区域布设跟踪站情况下，MEO卫星的精密定轨及预报研究，为我国区域覆盖的第二代北斗卫星导航系统提供运行保障。如果能够在国外布设部分站点，开展此研究也将对全球布站情况下MEO卫星的运行控制及轨道确定具有很好的借鉴意义。

第二代北斗卫星导航系统的优先发展领域包含如下四个方面：①星间链路和星座自主导航及精密定轨理论与方法研究；②少量测站布设下的精密定轨研究；③GEO卫星精密定轨研究；④精密定位新方法与新技术研究。

（2）多模GNSS

GPS已对传统大地测量学的多个领域产生了重大影响。随着欧盟GALILEO计划的实施、中国第二代北斗卫星导航系统的建设，全球卫星导航领域将迎来现代化的GPS、GLONASS、GALILEO和第二代北斗卫星导航系统四大系统既竞争又合作的新时代，GNSS也将由两个独立的系统向着多模GNSS的方向发展。

多模 GNSS 大大丰富了卫星导航的资源，也为全球用户获得更好的定位、导航和授时服务提供了有利的条件。同时也为卫星大地测量研究带来了新的机遇与挑战，需要结合大地测量的具体要求与应用，提出新原理、新方法及新理论，促进卫星大地测量的进一步快速发展，并拓展卫星大地测量的研究内容及应用领域。

相对于单一卫星导航系统而言，多模 GNSS 具有很大的优势，主要表现在三个方面。①提高了用户的使用安全性。多模 GNSS 将不再受制于某个单一系统。多模 GNSS 接收机既可以工作于某单一系统，也可以同时利用多个系统的信号进行导航定位。②提高用户的定位精度。由于可以利用多个卫星导航系统的信号，所以用户可以获得更多的可视卫星，有利于改善观测几何强度，提高定位精度。③增强了系统的可用性。由于增加可观测的卫星数量，极大地提高了发现和孤立故障卫星的能力，也可以缩短接收机的捕获时间。同时，由于系统具有处理来自不同系统的独立工作的卫星群信号的能力，所以提高了系统的完好性级别，提高了系统整体的监视能力。多模 GNSS 具有的以上优势，为大地测量基准的确定、地球重力场与大地水准面精化、地壳运动监测与大地测量地球动力学机制研究等方面的理论与方法研究提供了更为有效的高精度测量数据。

多模 GNSS 卫星导航重点研究方向包含如下三个方面：①多模 GNSS 卫星联合定轨理论与方法研究；②多模 GNSS 卫星精密导航与定位；③GNSS/INS 联合导航研究。

4. 空间大地测量参考系与数据融合

CGCS 2000 的建立，标志着我国大地坐标系及相应的国家大地控制网已经步入世界先进行列，但是 2000 国家大地坐标框架仍然存在问题：该框架虽然满足国民经济建设和国防建设急需，但该坐标框架的密度仍然不够，尤其是西部困难地区，不仅控制点少，而且观测精度也相对较低，很难满足国民经济建设和西部开发的需要；该框架广度不够，广大海洋和岛礁几乎没有控制，很难满足航海安全、海洋开发和国防建设的需要；该框架总体精度仍然偏低，尚不能提供点位的三维变化信息，不能满足减灾防灾和地球动力学研究的需要；点位归算十分困难，该框架采用的是 ITRF97 框架，2000.0 历元，这给目前广泛采用 GPS 精确定位（ITRF2005 框架和当前历元）都带来不便，需要尽快建立高精度、高分辨率的地壳形变速度场。因此该框架应该在适当时候进行更新，尤其是历元的更新。

我国地心坐标系和坐标框架的建设应该满足高精度、高密度、宽覆盖、实时（准实时）等要求。于是应该加密高精度坐标框架点，尤其在我国西部地区；

为满足我国航海安全、海洋开发和国防建设的需要，应加快我国近海岛礁测量，建立与 CGCS2000 相一致的大地控制网；为加速我国导航事业的发展，提高我国导航卫星轨道的监测精度和可靠性，并保持我国导航卫星系统的坐标系与 CGCS2000 的一致性，应采用多模多频接收机实施北斗导航卫星的跟踪与监测；为了加强大地测量在地球物理、减灾防灾中的应用，需要研究有效的形变识别理论，对基准点可能出现的位移或形变异常进行科学分析和处理，建立合理的地壳板块运动、局部形变模型和地心运动模型，包括地壳非线性周期运动模型。

虽然我国空间大地测量数据处理理论和方法取得了很大的进步，但仍然存在许多问题，特别是空间大地测量信息融合、提取方法和理论研究不够深入，严密的、科学的、创新性的理论仍然存在差距。因此，迫切需要对以上问题进行深入研究。

目前，我国地球坐标系及空间大地测量数据处理与融合关键研究包括以下四个方面：①建立与 CGCS2000 相一致的大地控制网及卫星导航坐标系；②基准点变化及形变与地壳板块运动、局部形变和地心运动研究；③不同时空分辨率、不同种类、不同来源、不同性质空间大地测量观测资料的同化处理及观测信息的融合理论和融合准则与质量控制研究；④多模、多频观测信息的严密函数模型、随机模型的建立及多类型空间大地测量观测融合智能化、自动化、高效化解算方法研究。

5. 地震大地测量

空间大地测量观测新技术、地球物理观测新技术是地震大地测量学的技术支撑。最近几年空间大地测量的新技术及其观测数据在地震研究领域取得了显著成果，如 GPS 与 InSAR 技术在地震学研究中的应用。

GPS 地震学利用高频或超高频 GPS 接收机获取地震发生时地面的快速运动，并可以监测地震发生前兆异常，这一新的研究领域近 10 多年来最先在国外被提出并得到发展，我国的研究还处于起步阶段。InSAR 技术为地震研究开拓了一条新途径，利用该技术可以直接获取大范围的、连续空间覆盖的断裂带或断层地壳形变和运动速率等定量化的基础数据，为深入了解地震重复周期、潜在震源区等问题，认清地震应力应变的积累与释放过程，并为结合其他资料建立断层运动与地震产生的理论模型作准备。InSAR 技术不受大空间尺度和复杂自然因素的影响，可以获得极为经济的垂直形变信息，结合 GPS 的高精度水平形变信息，在时间轴上进行矢量叠加，可以得到区域地表的三维动态位移场、速度场和应变场，对于监测震前的微量形变、震时的同震位错和震后的变形回弹等地壳形变研究，有着极其重要的意义，可为地震预测提供丰富可靠的定量信息。GPS 和 InSAR 技术的结合对于地震学的研究具有极为重要的意义。例如，美国的“地球探测”计划就将研究 InSAR 结合 GPS 和应变观测数据来勾画出地震和火山爆发前后地面位移分布图，从而进一步了解断层破裂机制和岩浆运移机理。

围绕地震监测，空间大地测量学的重点研究方向包括以下五个方面：①多尺度、多工作模式的高精度的 InSAR 监测及数据处理技术；②高频大地测量数据的高精度实时处理技术；③GPS 和 InSAR 技术在地震学研究中的应用；④多种空间大地测量学约束下的地壳形变及构造应力场演化研究；⑤基于多元信息的地震监测及预测研究。

第三节 重大交叉研究领域

空间科学与地球科学的交叉主要包括如下内容。

（一）背景与意义

随着地球科学各分支学科的深入发展和日趋成熟，人们已经认识到整体地球是一个复杂的非线性系统，由日-地空间（包括地球空间）、大气圈、水圈（包括冰冻圈）、岩石圈和生物圈（包括人类本身）等组成，各圈层之间存在着复杂的相互作用。当前的地球科学已经发展到了“地球系统科学”的新阶段，其主要特征是，以物理、化学、生物等综合方法，研究地球系统中各圈层的内部过程、各圈层之间的相互作用以及由各圈层构成的地球系统整体行为。

空间科学的发展，特别是空间探测（包括空间环境探测与空间对地观测）技术的发展，不仅为地球科学各领域的研究提供了前所未有的能力，也为人们提供了一个真正将地球作为整体来进行观测和研究的机遇，从而为地球系统科学的研究提供了最为有效的手段。首先，空间探测处于空间的高远位置，可对地球作为一个整体的行星进行全球性、全局性、长期性的测量和监测，以全面了解发生在地球整体上的过程与变化。其次，利用空间探测覆盖面广的优势，了解地球各圈层如何相互作用，太阳等外驱动力如何作用于地球系统并产生各种过程效应，监测发生于全球的长期变化。此外，空间探测可以在不同尺度上进行，实现动态变化的监测，便于科学研究地球系统中不同尺度的过程，建立相应的模式。

在上述背景下，空间科学和地球科学之间的交叉涉及众多的学科分支，当前最为重要的领域有以下两个。

1. 岩石圈/大气层/电离层耦合

这一领域的主要研究对象是地震的电离层效应（包括先兆）。

中国是世界上大陆地震最多、最强烈的国家，中国地震分布广、强度大、震源浅、灾害重。我国陆地面积仅占全球陆地面积的1/14，但大陆地震却占全球的1/3。在20世纪，我国因地震而死亡的人数超过了60万人，占全球地震造成人口死亡总数的一半。据统计，在我国内地地区，5级以上地震的年频次是19次、6级以上地震的年频次是4次，每3年发生7级以上地震2次。我国22个省会城市和2/3的百万以上人口的大城市均位于地震高危险区。未来的15年中，我国将进入一个新的地震活跃期，可能发生10余次7级以上地震，甚至有发生8级左右巨大地震的可能。这些潜在的危险，将对我国的经济社会发展、对全面建设小康社会目标的实现产生不容忽视的影响。随着经济、人口的增长以及城市化进程的加快，地震作为突发事件，对公共安全的威胁将日趋严重。一旦发生地震，必将造成巨大的人员伤亡和经济损失。

在诸多监测到的地震前兆现象中，震前电磁异常现象已经被大量的破坏性地震震例证实。我国已经建成了一定规模的地面电磁监测台网，积累了大量与地震孕育和发生相关联的电磁前兆震例，电磁方法已经成为地震日常监测预报特别是短临预报最有效的手段之一。然而，由于诸多客观条件的限制，地面地震监测形成了较大范围的空白地区。例如我国地震活动十分强烈的青藏高原绝大部分地区，由于自然条件恶劣，直接的地面地震观测无法开展；而在边境地区，由于缺少境外必要的监测资料，也很难对这些地区的地震趋势和地震危险性做出较准确的判断，给地震科学的突破设置了障碍，更直接影响了我国防震减灾目标的落实。

固体地球物理学从发生在地球内部的物理过程对空间物理过程有多种尺度的显著影响。一种是发生在地球内部短时间尺度（几十秒钟至几十分钟）瞬态爆发性过程，如地震、火山喷发、海啸等。这些瞬态爆发性过程会直接强烈影响地球空间中高层大气和电离层的状态。一种是中等时间尺度（几天至几十天）的地球内部物理过程，如地震等爆发性事件的孕育过程。这些发生在地球内部的孕育过程会在地球空间产生电磁扰动，造成大气成分和电离层状态的变化。一种是长时间尺度（几年至几十年）的缓变过程，如磁极移动和地球内禀磁场强度变化等地球磁场长期变化。这些变化会导致地球辐射带等磁层宏观结构的变化。

空间对地观测具有地面观测无法比拟的优势，观测范围广，不受地面自然条件限制，可填补我国地震监测的空白，提高地震监测能力，获取立体监测海量地震前兆信息，使我国地震观测范围完全覆盖国土，形成天地一体的立体地震监测系统，为地震短临预测提供重要的科学判据。同时通过卫星对地观测，可以覆盖全球地震、火山活动、海啸多发区，使监视全球地震等灾害性事件的频次大大增加，提高获取大量震例的机会，有助于对地震机理进行深入的研究，提高对地震孕育、发生、发展规律的认识，对突破地震预报这个世界难题具有重要意义。

2. 空间大地测量与地壳形变监测

过去10余年以来，卫星定位导航技术已大大普及，其在地壳的形变监测中的应用，特别是与地震相关的监测，形成了一个新的交叉领域。空间大地测量观测新技术、地球物理观测新技术是地震大地测量监测学的技术支撑，应用这些新技术开展地震机理、防震减灾的研究则是地震大地测量学的核心任务，而观测数据的精密处理技术、大地测量地球物理联合反演以及数值模拟分析技术则是研究的关键。最近几年空间大地测量的新技术及其观测数据在地震研究领域取得了显著成果。如利用GPS与InSAR技术监测地震地壳形变，利用GPS、InSAR数据和地震波数据联合反演震源破裂过程、进行地震的精确定位等，需要进一步加强研究的是综合各类信息开展地震机理的研究，如利用地质信息、大地测量和地震波数据联合反演震源破裂过程等。

高频GPS技术已成为地震学研究的有力手段。传统上，地震的研究主要依靠地震波资料进行研究，然而地震仪器在监测近震或强震时容易出现振幅饱和等现象，使得观测资料出现缺失。高频GPS手段则从根本上克服了这一现象，弥补了地震波资料的缺陷。利用1赫兹的GPS数据测量由德纳里（Denali）地震断层引起的位移，发现了1赫兹的GPS接收机可以检测到远离震中750～3800千米的地震面波（Larson et al.，2003）。因此，高频GPS可以增加地面运动观测的动态范围和频率宽度。基于这一技术特点，利用强地震动、远震数据、GPS静态位移以及高频GPS观测资料成功研究了地震滑动历史。同时，密集的高频GPS台网（1赫兹）能够检测震中距远达3900千米地震断层激发的远震面波，并且其相关水平位移、持续时间与近场宽频地震仪的综合速度记录相一致。

高频、超高频GPS在未来的地震学研究中将会起到越来越重要的作用。高频率、实时GPS网能够提高地震检测、降低地震危险性。通过配置地震和GPS传感器，综合实时地震数据和超高频率GPS网数据，可以更好地量化断层滑移和进行地震参数确定，进而提高地震的早期预警能力。日本国家地理院从20世纪90年代初开始，就着手布设地壳应变监测网，并逐步将其发展成日本GPS连续应变监测系统。由高密度GPS网检测到的相关站点实时（水平）位置变化可以作为减轻自然灾害早期预警系统的一部分。实时处理高频率GPS数据还可以精确地对火山喷发和地震的快速形变进行监测。GPS作为一种惯性传感器可以非常高动态范围记录地面位移，从而使得 GPS 可以作为强地运动地震计。高采样率 GPS 数据低延时流数据处理可以为地震、火山喷发、海啸大地测量及早期预警提供一种应急工具。

制约地震预测水平的主要因素，一是地球科学家们对于地震发生机理缺乏足够的认识，二是地震预测受到观测技术特别是空间技术的严重制约。空间科学与地磁学的交叉，对克服这些困难提供了一种新的途径。

（二）关键科学问题

本交叉学科的关键科学问题包括以下三点：①岩石圈/大气层/电离层耦合机理；②地震活动引起的电磁场和电离层与高能粒子扰动异常信息的提取；③利用 GPS、InSAR 数据监测地壳形变时的数据同化原理与方法。

（三）发展目标

综合利用空间探测数据研究岩石圈-大气层-空间环境耦合机理，通过高频 GPS 和有效的地面观测资料，实现我国及邻区大范围、连续的时、空、强动态监测，全方位获取大震前孕震立体环境（空间环境、震源及区域应力场、地体环境等）异常变化信息，更好地量化断层滑移和确定地震参数，加强天地结合的电磁前兆异常特征与地震短临预测、预警方法、模式研究，提高地震预测的科学水平。

（四）重要研究方向

本交叉学科的重要研究方向有以下四个方面：

1. 卫星与地基地震电离层异常特征和机理研究

地震电磁效应能够通过多种方式传播到电离层，引起电离层和大气层的变化，地震前电离层扰动的研究表明，5 级以上特别是强震前在高度 1000 千米以下的电离层参数出现扰动。到目前为止，无论是地面观测还是卫星观测到的地震前电子密度的变化，大部分都可观测到震前的扰动变化，二者所侧重的角度不同：地面电离层探测仪可得到时间变化特征，而卫星电离层观测可得到高精度的空间电离层震前扰动变化，卫星与地基观测结合，可以全面了解电离层整体电子密度的变化，建立更可靠的电离层模型。

国内外学者总结了岩石圈-大气层-电离层耦合系统中的电磁学现象，其耦合的可能途径包括化学途径、声学途径、电磁途径。此外还有电离层扰动及岩石圈-大气层-电离层耦合各种机理与传播路径。

本研究方向将结合卫星和地面电离层的观测，分析地震活动引起的电离层异常的特征和规律，探索地震活动引起的电离层扰动机理。

2. 高能粒子及其与地震的关系的研究

地震孕育过程产生电磁辐射，并向空中传播。除了有一部分沿地表与电离层之间的波导传播外，还有一部分进入电离层、磁层，沿地球磁场的磁力线传播。沿磁力线传播进入地球磁场的内辐射带，与辐射带粒子产生共振作用，改变粒子的投掷角，导致粒子沉降，使得卫星观测到的粒子数量急剧增加，称为粒子爆发。此外，低频电磁辐射在辐射带与弹跳频率振荡的高能粒子产生共振，粒子爆发沿磁力线绕地球传播，电离层扰动或粒子扰动除了在震中一定范围内产生外还可能会沿磁力线在地震震中磁共轭区出现。高能粒子大震前出现的异常现象可能与地震孕育过程中产生的电磁辐射传播到磁层、电离层引起的辐射带粒子沉降有关，可能反映大尺度电磁场扰动以及岩石圈-大气层-电离层-磁层的耦合现象。

本研究方向将进一步探索高能粒子与地震活动的相关性。

3. 基于InSAR和GPS探索地震前兆现象及开展相关的地壳运动与地球动力学研究

首先，基于InSAR和GPS等技术手段探索地震前兆现象及开展相关的地壳运动与地球动力学研究，特别是研制高频GPS接收机，推动高频、超高频GPS技术在地震监测中的应用，以及高空间分辨率的InSAR数据与高时间分辨率的GPS数据融合处理研究地震地壳形变是该交叉领域主要发展方向。

其次，研究地震大地测量多源数据联合反演理论与方法，开展多源数据（空间大地测量、地球物理、地震波等数据）联合反演地球动力学参数及发震构造动力过程与地震的预测研究，发展具有物理基础的地震分析、预测技术与方法，进行活动断层地震危险性评估和预警也是该交叉领域主要发展方向。

4. 海洋与陆地地形、气象活动产生的大气波动及其对电离层的影响

利用空间环境（如电离层、热层）探测及空间对地观测（如卫星云图）等资料，分析源于海洋与陆地地形、气象活动等产生的大气重力波、潮汐、行星波等的传播特性，研究其对电离层等空间环境的影响。

第四节 预期取得的重要进展

通过本战略计划的实施，在黑洞、暗物质、暗能量和引力波的直接探测、太阳系的起源和演化、太阳活动对地球环境和灾害的影响及其预报、地外生命的探索、微重力科学与空间信息应用等方面取得突破进展；建立起独立开展空间探测与研究的能力和基础，初步形成以覆盖多个前沿学科领域的空间科学计划为标志的空间科学体系；培养一批有国际影响的空间科学研究人才；全面提升我国空间科学的研究水平，取得重大原创性科学成果，解决国家战略需求的重大问题；在总体上缩小我国空间科学与国际空间科学强国的先进技术与研究水平的差距，并在若干方面赶上甚至超过国际同类水平，实现我国从二流国家进入美国之后的英国、法国、德国、俄罗斯、加拿大等一流先进国家之列的跨越发展。

◇参考文献◇

刘建忠，欧阳自远，张福勒，等.2009. 月球的地体构造与起源模式. 岩石学报，25（8）：2011-2016.

NASA. 2005. 美国国家空间天气战略计划.

欧阳自远.2005. 月球科学概论. 北京：中国宇航出版社：1-318.

Committee on Microgravity Research，National Research Council. 2003. Assessment of Directions in Microgravity and Physical Sciences Research at NASA. Washington D. C.：The National Academies Press.

Diao F Q，Xiong X，Wang R J，et al. 2009. Slip model of the 2008 Mw 7. 9 Wenchuan（China）earthquake derived from co-seismic GPS data. Earth，Planets Space，62（11）：869-874.

Larson K，Bodin P，Gomberg J. 2003. Using 1Hz GPS data to measure deformations caused by the Denali fault earthquake. Science，300：1421-1424.

Liu J Z，Zhang F Q，Li C L，et al. 1999. A preliminary discussion about oxygen isotopic（～17O-～18O）heterogeneity in Archaean nucleus. North China Craton，Chinese Science Bulletin，44（24）：2267-2269.

Seibert G，et al. 2001. A world without gravity. ESA SP-1251.

Zheng Y，Ni S，Xie Z.，et al. 2009. Strong aftershocks in the northern segment of the Wenchuan earthquake rupture zone and their seismotectonic implications. Earth，Planets Space，62（11）：881-886.

第六章

国际合作与交流

正如在第二章第二节中分析空间科学发展的规律和特点时指出的那样，国际合作是空间科学发展不可或缺的组成部分，它已成为空间科学发展的潮流和趋势。

第一节　国际合作的发展态势

由于空间科学探测计划是一项先进科学与技术的综合与创新，是一项长周期、大投资的重大工程，所以，集各国先进技术、一流科学技术人才和资金将成为未来国际空间科学探测的必然趋势和特色。

一、美国深空探测合作计划

毋庸置疑，美国航天事业和空间探测能力均在其他国家之上，但是NASA在未来的空间探测计划中仍确定了国际合作计划。目前，NASA和世界主要航天大国均有不同程度的合作任务和计划。例如，人类迄今为止发射的规模最大、复杂程度最高的行星探测器——“卡西尼-惠更斯”土星探测器，这个耗资达33亿美元的土星探测器是一项国际合作项目，由NASA、ESA和意大利空间局联合实施。

二、欧洲深空探测国际合作计划

对人类而言，载人重返月球和登陆火星不属于任何个别国家的努力，而是属于整个世界的。现在发展深空探测的国家和潜在的伙伴都在日益增多，实际上，ESA 在一个探索计划中为多国合作提供了独一无二的合作框架，并且 ESA 为多国合作提供了强有力的领导和组织。作为一个国际合作参与者，也要承担相应的巨额资金。欧洲作为太阳系载人探索的前沿者，特别是 ESA 的参与者将从国际合作中获得巨大的利益。目前，欧洲的研究实力已经在与美国、俄罗斯、日本、中国、加拿大、印度以及南美洲的重大合作中逐步得到加强。例如，火星探测计划（ExoMars），现在有 30 多个国家的 260 所大学、科研机构和近 580 多名科学家想参与到该项目的国际合作中来，除了欧盟成员国以外，澳大利亚、比利时、中国、墨西哥、俄罗斯、美国，以及东欧的很多国家都表示希望参与该项目。

三、日本 JAXA 的战略规划中的国际合作计划

日本在空间探测方面主要致力于国际合作和亚洲及太平洋地区的合作。主要目标：一是要使日本在国际高技术领域保持优势；二是要通过开拓市场建立合作关系等方法提高在国际上的竞争能力。侧重点是与各空间开发先进国的合作，以及与亚洲和太平洋地区的国家合作。

目前很多国家和航天组织在积极兴建自己的深空站。同时随着深空任务的不断增加，与其他国家和航天组织之间开展国际合作，充分利用有限资源也成为必然趋势。

空间现象的全球性和相互关联性强的特点也决定了空间科学的研究越来越需要国际合作。由于需要在广阔的宇宙空间和全球各地进行大量的观测，单靠一个国家的资源和力量是难以达到的。所以，空间科学方面的大规模国际合作计划几乎接连不断。例如，国际日地物理委员会组织实施的“日地系统空间气候和天气计划”、“国际与太阳同在”计划等。广泛的国际交流与合作是有效吸纳国际科技资源的重要途径。

四、国际大地测量协会的全球大地测量观测计划

近年来，结合空间大地测量学科特点和发展态势，国际大地测量协会适时地推出一个庞大的全球大地测量计划——GGOS。GGOS 旨在为地球系统的监测及全球变化研究提供必要的大地测量观测设施。目前，国际大地测量协会已经建立了致力于加强 GGOS 建设与服务的国际组织和机构。GGOS 的数据和产品为许多相关的科学研究与应用提供服务。

第二节　国际合作与交流的基本情况

一、依托国家重大任务开展广泛的国际合作

2003 年、2004 年的双星计划是中国第一次自己提出探测计划并开展国际合作的重大科学探测项目。双星计划与 ESA Cluster 的 4 颗卫星相配合，在人类历史上第一次进行地球空间“六点探测”，开始了地球空间天气多层次和多时空尺度研究新阶段。这项合作是按照我国提出的探测计划开展的以我国为主的国际合作，在合作规模和层次上迈上了一个新台阶。而在深空探测方面，由于我国是刚刚开始起步，与国外的合作还没有全面启动，在“嫦娥一号”卫星的研制过程中，坚持打“中华牌”，坚持走自力更生的道路。随着我国绕月探测工程的圆满成功，国际上的各个航天国家纷纷提出与我国开展科学探测数据共同研究的要求，目前 ESA 已经获得了我国嫦娥一号卫星的探测数据，按照国际惯例，我国的月球探测数据即将在不远的将来公开发布，届时可以与国际上相关的研究机构开展广泛的合作与交流。

在空间环境的地基监测系统建设方面，在建设好子午工程的基础上，积极推动“国际空间天气子午圈计划”，把位于子午圈（120°E＋60°W）上的国家和地区的空间天气观测台站组织起来，共建地球上第一个完整的空间天气子午圈并实施联合监测、研究，该建议已引起国际同行的广泛关注和重视。

二、积极参加国际上组织的重大科技合作计划

我国科学家积极参加了“国际与太阳同在”计划，2007～2008 年的“国际日球物理年”、“国际极地年”计划。太阳观测基地与美国大熊湖天文台在世界上首先成功地进行了太阳磁场的“日不落”观测。近年来，空间大地探测领域与日本、韩国、德国、比利时、奥地利等国及欧空局的国际著名大地测量研究机构签订了合作协议，联合提出的 3 项国际合作计划——“利用 GPS 技术研究东亚大陆地壳运动”、“超导重力仪潮汐观测及地球动力学研究应用”、“现代空间大地测量技术在地球潮汐研究中的应用”被列入政府间合作项目。

三、举办和参加系列性的大型国际学术会议

我国科学家参加国际学术会议的人数，以及在学术会议上作邀请报告的次数近年来持续上升，并且开始在国内举办大型的空间科学国际学术会议。例如，2006年在北京成功举办世界空间研究大会（COSPAR），参加人数超过1500人，极大促进了空间科学的交流和合作，大幅提高了我国在国际空间界的地位和影响力。

四、开始在国际学术组织和学术期刊中担任重要职位

随着我国空间科学地位的进一步增强，我国科学家在国际学术组织中开始担任重要职位。例如，在世界空间研究委员会、国际大地测量学与地球物理学联合会担任执行局委员等。并且在国际著名学术刊物，如《太阳物理》（*Solar Physics*）、美国《地球物理学报》（JGR）、《大地测量》（J. Geodesy）、《微重力科学与技术》（*Microgravity Sci. Tech.*）等担任主编和编委。

在国际合作中，目前存在的不足主要有以下三个方面：①以我为主的大型空间科学国际合作计划偏少，我国科学家还习惯于跟踪和参与，缺乏引领空间科学发展的创新精神；②我国还缺少具有重要影响的国际性研究基地；③我国国际人员交流还是以“走出去”为主要模式，还没有形成吸引最优秀科学家来华工作的条件和氛围。

第三节　国际合作交流的战略需求分析与总体布局

一、战略需求分析

1. 多空间层次、全球覆盖探测数据资料的需求

空间科学的研究区域从太阳、行星际到地球空间乃至整个太阳系，其物理过程之间相互联系，物理现象具有全球性的特征。目前我国的天基探测的数据在很大程度上还依赖于国外的卫星探测数据。例如，国际上已经发射了30多颗太阳观测卫星，而我国专门的太阳探测卫星数量迄今仍为零。地基探测数据还局限在我国国土领域和孤立的极地站点内。空间科学数据的共享和交流是学科

发展的基础条件之一。

2. 国际重大探测和研究计划的需求

空间科学研究的一个重要特征就是全球性，针对人类共同面对的重大科学问题的大型探测和研究计划往往耗资庞大、任务艰巨，单凭一个国家的力量已经很难实现，需要各国的共同努力。

我国是一个航天大国，随着经济的发展、科技水平的不断进步、综合国力的提升，我国已经具备了发展空间探测的实力，应该采取积极进取的空间发展政策，展开符合国情的空间探测研究。为了少走弯路、节约时间和成本，我们应该深入地研究国外的先进技术，广泛地借鉴国外的发展经验。空间探测技术是十分复杂的，通过国际合作，相互取长补短能在空间探测过程中取得更大的成绩。

3. 国际性探测、研究基地的需求

空间科学领域目前尚没有基于双边或多边合作机制的国际性研究机构，也没有在海外的探测基地。未来 10 年，可以在有较好国际合作基础的国内研究机构中加以培育和扶持，取得突破。

4. 国际虚拟研究中心的需求

互联网和信息技术的高度发展，使得科研信息化成为未来 5～10 年开展国际合作的新趋势，国际虚拟研究中心将突破空间和时间的限制，为全球的科学家提供一个数据共享、沟通交流、成果展示的经济、快捷、稳定的合作交流平台。

5. 国际学术会议的需求

主办和参加国际学术会议是国际合作交流的传统，同时也是很重要的方式之一。

6. 国际组织任职的需求

随着我国在空间科学领域的国际影响力日益增加，在未来 10 年中，我国将有越来越多的科学家活跃在国际舞台，在国际科学组织中担任的职位越来越重要，也会有更多的话语权。

7. 人才培养、交流的需求

空间科学研究没有国界，学科发展的根本是最优秀的科学家。未来 10 年，我国将从以“走出去”为主的人才培养交流模式，向吸引国际优秀科研人员来中国工作模式转变。

二、总体布局

深入而又广泛地开展国际交流与合作是空间学科领域快速发展的重要保障。在国际合作交流中，需要坚持“平等互利、合作共赢、共同发展”原则。注意“强强合作”与“我弱他强合作”并重；合作方式要注意个体合作与群体合作并重；合作国别要注意发达国家与发展中国家并重。

1. 美国

美国是空间科学强国，在空间探测中处于绝对领先地位，但由于美国对中国采取的空间技术封锁的政策，我国与美国的合作还处于科学家之间的研究层面，获取美国空间科学探测数据、开展合作研究和培养人才是未来10年内与美国合作的重点。

优先领域有以下三个方面：①空间科学探测数据的获取；②空间科学合作研究；③空间科学人才培养。

2. 俄罗斯

俄罗斯在空间探测技术上仍然处于国际先进水平，是未来10年我国空间科学探测的重点合作对象。在空间太阳探测卫星、月球和火星探测方面积极与俄罗斯合作，借鉴其空间探测的经验，培养我国空间科学探测的技术队伍对于我国空间科学探测具有重大的现实意义和深远的历史意义。

优先领域主要是空间探测技术合作方面。

3. 欧洲国家

双星计划、嫦娥工程开拓了我国与ESA及其各成员国（主要有德国、法国、英国、奥地利等）在空间科学计划之间的配合，科学有效载荷的研制、研究等方面的有效合作。在与美国在空间科学全面合作还存在难度的情况下，加强与欧洲国家的合作可作为全面提高我国空间科学水平的切入点。

优先领域有以下三方面：①空间科学探测计划之间的合作；②空间探测关键技术及科学有效载荷的研究；③人才培养。

4. 亚洲国家

日本在空间科学领域与中国合作的态度基本上与美国一致，国家合作的策略也基本一致，主要侧重于空间科学探测卫星数据的获取、开展合作研究和培养人才方面。与印度、韩国等其他亚洲国家的合作处于零星的合作研究阶段。

未来 10 年我国空间科学国际合作支持的重点应该包括以下三个方面：①支持有重大科学意义的国际重大空间科学探测和研究计划；②支持开展以我为主的国际空间科学科技合作交流计划；③吸引海外高水平科研人员长期来中国工作和年轻科研人员来中国作博士后研究。

第七章

保障措施与建议

为了促进空间科学、技术和应用长期、健康、协调的发展，提出以下保障措施与建议。

第一，建立空间科学发展的国家管理体制。空间科学的探测和研究涉及中科院、国防科工委、航科集团、高等院校、电子科工集团和军口等多个部门，缺乏顶层统筹，部门之间条块分割严重。建议我国有关空间科学探测计划的前期预研和后期的科学研究由国家自然科学基金委员会负责。有关空间卫星实施明确国家专门机构负责，最合理的体制是成立直属国务院的中国空间局：参照NASA、ESA、俄罗斯空间局、JAXA等的模式，主管民用航天，统筹空间科学、技术和应用的协调发展。

第二，建立空间科学探测和实验卫星系列体系。我国所进行的空间科学探测与实验项目基本上属于搭载项目，科学家只能在限定的轨道、姿态和有限的卫星资源下，开展有限的探测和实验，无法实施原创性的探测活动。双星计划自2003年、2004年发射上天后，我国的空间科学卫星就处于难以持续发展的状态。为彻底改变这一被动局面，建议国家建立空间科学探测和实验卫星系列体系（包括大、中、小、皮、纳卫星等空间探测任务）作为国家大型科技平台建设的主要组成部分，纳入国家科技发展的整体规划，以保证空间科学的长期健康发展。

第三，建立若干国家空间探测仪器研发中心。我国空间科学有效载荷的水平还远不能满足空间科学探测研究的需求，存在有效载荷种类单一、精度较低、标定手段缺乏等问题。空间科学探测还没有实施国际上通用的以科学家为主导的有效载荷首席科学家（PI）制，有效载荷研制存在科学目标不明、技术指标不先进、数据处理和成果产出无人负责的尴尬局面。建议成立若干国家空间探测仪器研发中心，并给予长期稳定的支持，迅速改变我国空间科学探测仪器水平落后的局面，为空间科学研究提供高质量的第一手数据。

第四，加强基础平台建设，建立完善的天地一体化观测网络。针对空间科学的特点，在利用国外观测平台基础上，逐步实现我国自主研发及建设的观测系统，如天地一体化的空间天气保障系统、空间天气系列卫星、数字化近地空间保障平台、地球极盖探测基地、重力卫星测量系统、GNSS等，为我国空间科学的研究提供原始的测量数据，大幅提升我国的空间科学的原始创新能力和保障服务能力。

第五，建立空间科学国家实验室。在现有空间科学领域国家重点实验室和部门实验室的基础上高起点建设，引领空间科学的发展，满足国家的重大需求，开展空间科学的探测与研究，引领高新技术的发展，积极承担国家重大科研任务，获得具有原始创新和自主知识产权的重大科研成果，为经济建设、社会发展和国家空间安全提供强有力的科技支撑。

附录

缩略语表

AMISR	Advanced Modular Incoherent Scatter Radar	美国“先进模块化非相干散射雷达”计划
ASCA	Advanced Satellite for Cosmology and Astrophysics	日本“宇宙与天体物理先进卫星”
AU	Astronomical Unit	天文单位，约等于1.5亿千米
BBSO	Big Bear Lake Solar Observatory	美国大熊湖太阳观测台
BD-1	Beidou-1	中国“北斗一号”导航卫星系统
BD-2	Beidou-2	中国“北斗二号”导航卫星系统
BEC	Bose-Einstein Condensate	玻色-爱因斯坦凝聚
bombardment		轰击作用
BXF	Boiling Experiment Facility	“沸腾实验设备”计划
CAWSES	Climate and Weather of the Sun-Earth System	“日地系统气候和天气”计划
CEDAR		“大气各区域耦合、热力学和动力学”计划
CGCS2000	China Geodetic Coordinate System 2000	2000中国大地坐标系
CGSM		加拿大“地球空间监测计划”
CHAMP	CHAllenging Minisatellite Payload	德国“小卫星有效载荷挑战”卫星
CIMEX	Convection and Interfacial Mass Exchange	对流和界面质量交换实验
CISM	Center for Intergrated Space Weather Modeling	空间天气模式集成中心
Clementine		美国“克莱门汀”卫星
Cluster	Cluster	欧空局“星座”卫星
CME	Coronal Mass Ejection	日冕物质抛射
CMONOC	Crustal Movement Observation Network of China	中国地壳运动观测网络
CNES	Centre National dEtudes Spatiales	法国国家空间研究中心
Coarsening		粗化
CORONAS-P	Coronas-Proton	俄罗斯“日冕-光子”太阳观测卫星
CORS	Continuously Operating Reference Station	连续运行参考站系统
COSMIC	Constellation Observing System for Meteorology, Ionosphere, and Climate	气象、电离层和气候星座观测系统
COSMOS	Cosmological Evolution Survey	日本GPS连续应变监测系统
COSPAR	Committee On Space Research	世界空间研究委员会
Cross Scale	Cross Scale	欧空局“多维星座探测”计划

CryoSat	Cryo-Satellite	欧空局“克里赛特”地球环境遥感卫星
CryoSat-2	Cryo-Satellite-2	欧空局“克里赛特 2”极地冰层探测卫星
CSEM	Center for Space Enviroment Modeling	空间环境模型中心
CSR	Center for Space Research	美国得克萨斯大学空间研究中心
CSSR	Comet Surface Sample Return	美国“彗星表面取样返回”计划
DEM	Digital Elevation Model	数字高程模型
depletion attraction		空缺吸引
D-InSAR	Differential Interferometric Synthetic Apeture Radar	差分干涉合成孔径雷达
DLCA	Diffusion Limited Clusters Aggregation	扩散控制聚集
DLR		德国宇航中心
DORIS	Delft Object-oriented Radar Interferometric Software	“多丽丝”雷达干涉处理软件
drainage		排液
eGY	electronic Geophysics Year	信息地球物理年
El Nino		“厄尔尼诺”现象
Elysium		埃律西昂，火星地名
ENVISAT	Environmental Satellite	欧空局“环境卫星”
ERS-1	European Remote Sensing satellite-1	欧空局“欧洲遥感卫星”1 号
ERS-2	European Remote Sensing satellite-2	欧空局“欧洲遥感卫星”2 号
ESA	European Space Agency	欧洲空间局（欧空局）
ETRS	European Terrestrial Reference System	欧洲地球参考系统
EUREF	Regional Reference Frame Sub-Commission for Europe	欧洲参考网架
EUV	Extreme Ultra-Violet	极紫外线
ExoMars	Exobiology on Mars	欧美联合“火星探测”计划
GALILEO		欧洲“伽利略”导航卫星系统
GBMSR	Ground Breaking Sample Return	美国“火星着陆采样返回”计划
GDP	Gross Domestic Product	国内生产总值
GEO	Geosynchronous Earth Orbit	地球同步轨道
GEOS	Geostationary Operational Enviroment Satellites	地球同步轨道运行环境卫星
GEONET	GPS Earth Observational Network	日本的 GPS 连续运行站网
GEOS-3	The Geodetic and Earth Orbiting Satellite 3	美国“大地测量与地球轨道卫星 3”
GFO	GEOSAT Follow-On	美国“大地测量卫星后续”计划
GFZ	German Research Center for Geoscience	德国地球科学中心
GGOS	Global Geodetic Observation System	全球大地测量观测系统
GIS	Geographic Information System	地理信息系统
GLONASS		俄罗斯“格洛纳斯”导航卫星系统
GNSS	Global Navigation Satellite System	全球卫星导航系统，或全球导航卫星系统
GOCE	Gravity Field and Steady-State Ocean Circulation Explorer	欧空局“地球重力场和海洋环流探测卫星”

GODAE	Global Ocean Data Assimilation Experiment	"国际海洋数据同化试验"计划
GOES	Geostationary Operational Enviroment Satellit	美国"地球同步环境卫星"
GP-B	Gravity Probe B	重力探测卫星-B
GPS	Global Positioning System	全球定位系统
GRACE	Gravity Recovery and Climate Experiment	美欧联合"重力恢复与气候试验"卫星
GSI	Geographical Survay Institude	日本国家地理院
Heliosphysics		日球层物理
Hinode		日本"日出"卫星
HY-2		中国"海洋2号"卫星
IACG		国际空间局协调组织
IAG	International Association of Geodesy	国际大地测量协会
IAU	International Astronomical Union	国际天文联合会
ICESat	Ice Cloud and Land Elevation Satellite	美国"冰、云和陆地高度卫星"
IERS	International Earth Rotation Service	国际地球自转服务局
IGS	International GNSS Service	国际全球导航卫星系统服务
IGY	International Geophysics Year	国际地球物理年
IHY	International Heliophysical Year	国际日球物理年
ILWS	International Living With a Star	"国际与太阳同在"计划
IM	Image Mode	影像模式
IMAGE	Imager for Magneopause-to-Aurora Global Exploration	美国"磁层顶 极光全球成像探测"卫星
impact		撞击作用
I-N	Isotropic-Nematic	各项同性-向列相
I-N-C	Isotropic-Nematic-Columnar	各项同性 向列相 柱状相
INS	Inertial Navigation System	惯性导航系统
InSAR	Interferometric Synthetic Apeture Radar	干涉合成孔径雷达
IPY	International Polar Year	国际极地年
IRIS	Improved Resolution and Image Separation	"高分辨率和图像分离"卫星
ISS	International Space Station	国际空间站
ISTP	International Solar Terrestrial Physics	国际日地物理计划
ITRF	International Terrestrial Reference Frame	国际地球参考框架
ITRF2000	International Terrestrial Reference Frame 2000	2000国际地球参考框架
ITRF2005	International Terrestrial Reference Frame 2005	2005国际地球参考框架
ITRF88	International Terrestrial Reference Frame 1988	1988国际地球参考框架
ITRF 90	International Terrestrial Reference Frame 1990	1990国际地球参考框架
ITRF 91	International Terrestrial Reference Frame 1991	1991国际地球参考框架
ITRF 96	International Terrestrial Reference Frame 1996	1996国际地球参考框架

ITRF97	International Terrestrial Reference Frame 1997	1997 国际地球参考框架
ITRS	International Terrestrial Reference System	国际地球参考系统
IUGG	International Union of Geodesy and Geophysics	国际大地测量与地球物理联合会
J. Geodesy	*Journal of Geodesy*	《大地测量》
Jason-1		美欧合作“伊阿宋 1 号”卫星
Jason-2		美欧合作“伊阿宋 2 号”卫星
Jason-3		美欧合作“伊阿宋 3 号”卫星
JAXA	Japan Aerospace Exploration Agency	日本宇宙航空研究开发机构
JGR	*Journal of Geophysics Research*	《地球物理学报》
JPL	Jet Propulsion Laboratory	美国喷气推进实验室
KBR	K Band Ranging System	K 波段测距系统
Kuiper 带		库珀带
L1 点		日地第一拉格朗日点
La Nina		“拉尼娜”现象
LEO	Low Earth Orbit	低地轨道
LRO	Lunar Reconnaissance Orbiter	美国“月球勘测轨道飞行器”
MABE	Microheater Array Boiling Experiment	微加热器阵列沸腾实验
Marangoni 对流		马兰哥尼对流
Mariner 2		美国“水手 2 号”
Mascons		重力异常区
MEO	Middel Earth Orbit	中地轨道
MGS	Mars Global Surveyor	美国“火星全球普查者”
MHD	Magnetohydrodynamic	磁流体力学
Microgravity Sci. Tech.	*Microgravity Science and Technology*	《微重力科学与技术》
MicroSCOPE		法国“显微镜”卫星
MIT	Magnetosphere-Ionosphere-Thermosphere	中国“磁层-电离层-热层耦合”小卫星星座探测计划
MPP	Massively Parallel Processing	大规模并行处理机
MRO	Mars Reconnaissance Orbiter	美国“火星勘测轨道飞行器”
MSL	MARS Science Laboratory	美国“火星科学实验室”计划
NASA	National Aeronautics sna Space Administration	美国宇航局，或美国国家航空航天局
NEO	Near Earth Orbit	近地轨道
NPBX	Nucleate Pool Boiling Experiment	核态池沸腾实验
NRC	National Research Council	美国国家研究委员会
NSF	National Science Foundation	美国国家科学基金会
NSWP	The National Space Weather Programe	美国“空间天气”计划
Onsager 理论		翁萨格理论
OPTIS		牛顿反平方定律检验卫星实验
Ostwald Ripening		奥斯特瓦尔德成熟

PBO	plate Boundary Observatory	美国“边界观测试验场”计划
PI	Principle Investigator	首席科学家
PICARD		“皮卡德”卫星
Pinoneer		美国“先驱者”号飞船
plasma dust		等离子体尘粒
Plateau 边界		普拉特奥边界
PNT	Positioning Navigation and Timing	定位、导航与授时服务
PS	Permanent Scatterers	永久散射体
PS-InSAR	Permanent Scatterers Interferometric Synthetic Apeture Radar	永久散射体干涉合成孔径雷达
qubit		量子位元
RHESSI	Reuven Ramaty High Energy Solar Spectroscopic Imager	美国“拉马第高能太阳光谱成像”探测器
RLCA	Reaction Limited Clusters Aggregation	反应限制聚集
RSA	Russian Space Agency	俄罗斯空间局
RUBI		多尺度沸腾相关研究
SA	Satellite Altimetry	卫星测高
SAR	Synthetic Apeture Radar	合成孔径雷达
SBAS	Satellite Based Augmentation Systems	星基增强系统
SCOSTEP	Special Committee on Solar-Terrestrial Physics	日地物理学特别委员会
Scout		美国“火星侦察”计划
sculpure		刻蚀作用
SDO	Solar Dynamics Observatory	美国“太阳动力学观测台”卫星
Seasat		美国“西塞”海洋卫星
secondary cratering		冲击作用
SEE	Solar EUV Experiment	美国“太阳极紫外探测”卫星
SEHEFI		中国“高能及远红外探测”卫星
Sentinels Probe	Sentinels Probe	美国“哨兵”卫星计划
SEP	Solar Energetic Particle	太阳能量粒子
SG	Satellite Gravimetry	卫星重力测量
SGG	Satellite Gravity Gradiometry	卫星重力梯度测量
SHARP-X	Super High Angular Resolution Principle for Coded-Mask X-ray Imaging	中国“超高角分辨率 X 射线望远镜”计划
SIRGAS	Sistema de Referencia Geocentrico para as Americas	南美“GPS 会战计划”
SJ-10		中国“实践 10 号”科学实验卫星
Skylab		美国空间站
SLR	Satellite Laser Ranging	卫星激光测距
SMART-1	Small Missions for Advanced Research in Techology-1	欧空局“用于先进技术研究的小型任务”计划
SMD	Science Mission Directorate	美国宇航局科学计划部
SMESE	Small Explorer for Solar Eruptions	中法合作“太阳爆发探测小卫星”
SMM	Solar Maximum Mission	美国“太阳极大年计划”卫星

SMP	Symmetrical Multi-Processing	对称多处理
SOHO	Solar and Heliospheric Observatory	美国“太阳及日球层观测”卫星
Solar Orbiter	Solar Orbiter	欧空局“太阳轨道”飞行器
Solar Physics		《太阳物理》
Solar-C	Solar-C	美国“太阳观测”卫星
Soret 系数		索雷特系数
space weather		空间天气
Sputnik 1		第一颗人造卫星“史波尼克1号”
SQUID	Superconducting Quantum Interference measurement Device	超导量子干涉测量装置
SRALF		中国“空间甚低频观测阵”计划
SST	Space Solar Telescope	空间太阳望远镜
Stardust		美国“星尘”号飞船
STEP	Solar Terrestrial Energy Programme	日地能量计划
STEP	Satellite Test of the Equivalence Principle	等效原理卫星检验计划
STEREO	Solar Terrestrial Relations Observatory	美国“日地关系观测台”卫星
SUMO	The Spacecraft for the Universal Modification of Orbits	狭义相对论验证卫星试验计划
SWOT	Surface Water Ocean Topography	美国“地表水、海洋地形”卫星
T/P	TOPEX/POSEIDON	美欧合作“托帕克森/海神”卫星
Tachocline		界面层
TC-1	Tance-1	中国“探测1号”
TC-2	Tance-2	中国“探测2号”
TEC	Total Electron Content	总电子含量
Tharsis		塔尔西斯，火星地名
THEMIS	Time History of Events and Macroscale Interactions During Substorms	美国“西米斯”卫星簇
TIMED	Thermosphere Ionosphere Mesosphere Energetic And Dynamics	美国“热层-电离层-中间层能量学和动力学”卫星
TNT		三硝基甲苯
TRACE	Transition Region and Coronal Explorer	美国“太阳过渡区及日冕探索者”卫星
Ulysses		美国“尤利西斯”卫星
UV	Ultra-Violet	紫外线
VCO	Venus Climate Orbiter	日本“晓”计划金星气候轨道器
VEX	Venus Express	欧空局“金星快车”
VLBI	Very Long Baseline Interferometry	甚长基线干涉测量
WS	Wide Swath Mode	宽幅模式
Yohkoh		日本“阳光”卫星